# 甘肃大宗道地中药材标准化种植技术

主编◎张占军

甘肃科学技术出版社
甘肃·兰州

**图书在版编目（CIP）数据**

甘肃大宗道地中药材标准化种植技术 / 张占军主编
. -- 兰州 : 甘肃科学技术出版社, 2024.3
ISBN 978-7-5424-3196-7

Ⅰ. ①甘… Ⅱ. ①张… Ⅲ. ①药用植物-栽培技术-
甘肃 Ⅳ. ①S567

中国国家版本馆CIP数据核字(2024)第052368号

**甘肃大宗道地中药材标准化种植技术**

张占军　主编

责任编辑　马婧怡
封面设计　李万军

出　版　甘肃科学技术出版社
社　址　兰州市城关区曹家巷1号　730030
电　话　0931-2131570(编辑部)　0931-8773237(发行部)

发　行　甘肃科学技术出版社　　印　刷　甘肃兴业印务有限公司
开　本　787毫米×1092毫米　1/16　印　张　6.5　插　页　4　字　数　160千
版　次　2024年3月第1版
印　次　2024年3月第1次印刷
印　数　1000册
书　号　ISBN 978-7-5424-3196-7　　定　价　49.00元

# 编写人员

主　　任：张占军

副 主 任：管青霞　负进泽

编写人员：（按姓氏音序排名）

陈宝川　车建强　付录生　郭强强　高顺平

贾顺禄　李志刚　李有林　牛红莉　孙铁新

王丽文　王　鑫　徐永强　邢少琴　谢春明

尹强强　张文辉　张玉云　张和平　赵　勇

赵洁娜

# 目录

## 第一节　白条党参



## 第二节　黄芪



## 第三节　黄芩

第四节 柴胡



第五节 款冬花



第六节 掌叶大黄



第七节 板蓝根



第八节 关防风



第九节 淫羊藿

# 第一节　白条党参

# 白条党参标准化种植技术

白条党参为桔梗科党参属多年生植物，叶互生在主茎及侧枝上，在小枝上近于对生，叶片卵圆形或狭卵形，端钝，叶基圆形或楔形。花单生于枝端，与叶柄互生或近对生，花冠上位，阔钟状，花期7~8月。蒴果，下部半球状，上部圆锥状，萼宿存，种子22~34粒，卵形，棕褐色，果期9~10月，千粒重0.2544~0.3256g。

## 一、地块选择

移栽地应选择同区域靠阴、地势较高、排水良好、土壤肥沃、有机质丰富的地块，前茬作物以豆类、禾本科作物为宜。

## 二、整地、施肥

所选地块上年夏、秋季前茬作物收获后，立即灭茬深翻、晒垡、纳雨，秋季深耕25~40cm，同时亩施腐熟农家肥2500~3000kg，党参配方肥50kg，微生物菌剂5kg，撒入底肥时亩用1%联苯·噻虫胺颗粒剂3kg、0.5%咯菌·恶霉灵颗粒剂5kg均匀拌入农家肥，一并施入，并进行土壤消毒，控制地下害虫和根腐部，然后耱平保墒。

## 三、移栽

早春3月中旬至4月上旬，土壤完全解冻后进行移栽。选择苗龄达到1年，剔除腐烂、芽头不全、断根及特小的苗，选择根长10~20cm、根直径1~3mm的中、小苗移植，亩用量为25~30kg。

移栽方法包括露地移栽和50cm地膜露头栽培。

露地移栽：开深25~30cm的沟，耙细沟前坡土块，以株距5~7cm将党参苗摆入沟前坡，根系自然舒展，参头距地表2~3cm。摆完一行后，以行距20cm再开沟，取土覆盖前沟，然后开沟、摆苗依次进行，栽完3~4行后，及时用木耙耙平地面并拍打镇压。亩保苗5~6万株。

50cm地膜露头栽培：沿地埂边按行距50cm放线，将地面表土用平铁锨铲去深5cm左右、宽50cm的一条平沟，将所铲土均匀平放在沟的里侧，将种苗头朝外、尾对尾平行摆放在沟的两边，株距4~5cm，保持苗头在所放线外1~2cm，摆满两排后，铲起刚堆放的表土均匀覆盖于前排摆放的种苗上，苗身覆盖5~6cm，露出苗头。再与平沟垂直的方向挖一深10cm、长50cm 的浅沟，将宽50cm、厚0.01mm 的地膜一头埋入，压好，边拉地膜边压土，苗头部位压土2~3cm，使地膜两边与挂线相齐（苗头正好在地膜外1~2cm），完成第一行的移栽后，留20cm 小沟，开始移栽第二行，以此类推。

## 四、田间管理

1. 追肥

根据田间长势进行施肥。若长势弱，选择降雨前亩撒施尿素5kg 或喷施0.4% 磷酸二氢钾溶液或氨基酸水溶肥100ml，8月中、下旬开始，每隔20d 追1次，连追2~3次。

2. 排水

以天然降雨为主，雨季要经常注意田间排水，确保雨水通畅排出，以地面不积水为宜。

3. 中耕除草

5月上、中旬，株高6~9cm 时进行第一次中耕除草，不宜深锄，以免损害根部。松土深度5~7cm，破除板结，铲除杂草，离苗太近的杂草，用手拔除，以免带出参苗。每隔1月除1次草，当党参地上茎蔓交互占满地表时，只拔出大草即可。

4. 打尖

根据植株的田间长势进行，长势过旺时，在营养生长旺盛初期，即6月下旬至7月中旬，打掉苗高30~35cm 的植株尖端15cm 的茎。

## 五、病虫害防治

防治原则为预防为主、综合防治，优先采用农业防治、物理防治、生物防治，同时科学合理使用化学药剂防治，禁用高毒、高残留农药。

### （一）病害种类及防治技术

1. 根腐病

深翻改良土壤、增施有机肥；与禾本科植物实行3年以上的轮作；建立无病育苗田；对土壤、种苗进行药剂处理，具体操作为：开沟，将种苗摆好后，用40ml 锐胜 +40ml 满益佳 +20ml 益佩威，兑水30kg，均匀喷施在种苗及沟内土壤，或将准备移栽前的党参苗抖净土，苗头朝上，将30% 噻虫嗪悬浮剂15ml+3% 恶・甲水剂30ml 兑水35kg，根部完全浸泡在药液中10min，芽头不浸入药液，捞出后放置在阴凉处，边浸苗边晾边移栽，药液下降至2/3处时，加水至原位，两种药剂各加入一半的量。

2. 白粉病

发病初期用25% 吡唑醚菌酯悬浮剂1000~1500倍液、12.5% 烯唑醇可湿性粉剂2000倍液、亩用1% 蛇床子素水乳剂150~250mL 喷雾防治。

3. 斑枯病

合理密植，增施磷、钾肥，增强植株抗性；收获后及时清理田间病残体，焚烧或深埋，减少初侵染源；药剂防治：发病初期喷施50% 多菌灵可湿性粉剂600倍液、10% 苯醚甲环唑水分散粒剂1500倍液、30% 氧氯化铜悬浮剂800倍液。

4. 灰霉病

收获后及时清理田间病残体，减少初侵染源；药剂防治：发病初期交替喷施10% 苯醚甲环唑水分散粒剂1500倍液、50% 腐霉利可湿性粉剂600倍液及40% 嘧霉胺悬浮剂600倍液。

**（二）虫害**

1. 地下害虫

作物收获后深翻耙耱；亩* 用50% 辛硫磷乳油250~300ml，兑水8~10kg 均匀拌入较大容量的土粪等有机肥中，或1% 联苯·噻虫胺颗粒剂3kg，结合耕翻施底肥施入耕作层内。

2. 红蜘蛛

亩用1.8% 阿维菌素乳油3000~5000倍液喷雾防治。

3. 鼠害

用灭鼠器或捕鼠夹，以人工射杀为主。

## 六、采挖

10月下旬至11月上旬，地上部分枯萎后，割掉茎叶，后熟10~15d 启挖参根。铁钗垂直向下插入地块，挖出全根，散置于地面晾晒。

*亩：地积单位，1亩合666.7平方米。

# 白条党参标准化种植技术流程图

1

选择根长10～20cm、根直径1～3mm的中、小苗移植，亩用量为25～30kg。

图1　种苗选择

2

有露地移栽和50cm地膜露头栽培两种方法。

图2　种苗移栽

3

6月下旬至7月中旬长势过旺时，打掉苗高30～35cm的植株尖端15cm的茎。

图3　党参打尖

4

根据田间长势进行施肥，降雨前亩撒施尿素5kg或喷施0.4%磷酸二氢钾溶液或0.2%尿素溶液，连追2～3次。

图4　50cm地膜露头田间长势

5

采取农业措施与化学防治相结合的方法。

图5　党参根腐病

6

10月下旬至11月上旬，挖出全根，散置于地面晾晒。

图6　机械采挖

# 白条党参种子繁育技术

## 一、地块选择

党参种子繁育田隔离带要求距离300m以上。白条党参是深根性植物，种植地积水会发生烂根和死苗。应选择土层深厚、排水良好、土质疏松、富含腐殖质的黑垆土和黄绵土。前茬以豆类、麦类为好，轮作周期在3年以上。

## 二、整地、施肥

前茬作物收获后深翻35cm以上，然后晒垡，秋季浅耕耙耱收墒，春季深翻地，结合整地亩施优质农家肥2500~3000kg，党参配方肥50kg，微生物菌剂5kg，结合施肥亩用3%辛硫磷颗粒剂3kg，均匀撒入土壤进行土壤消毒，控制地下害虫危害，然后耱平保墒。

## 三、品种选择

选用渭党1号、渭党2号、渭党3号、渭党4号等优良品种繁育的种苗。选择苗龄达到1年，根长≥20cm、根直径≥3mm的大苗移植，亩用量为40kg。

## 四、适期移栽

1. 时间

3月中旬至4月上旬，土壤完全解冻后进行移栽。

2. 移栽方法

按行距25cm、深25~30cm开沟，耙细沟前坡土块，将党参苗以10~12cm株距摆入沟前坡，根系自然舒展，参头距地表2~3cm。摆完一行后，继续按行距25cm再开沟，将取的土覆盖前沟，然后耙细、摆苗，依次进行，栽完3~4行后，及时用木耙耙平地面并拍打镇压。

## 五、种子田管理

移栽后大约30d出苗，苗齐后进行第一次中耕除草，不宜深锄，以免损害根部，以后视杂草情况及时拔除，地上茎蔓封垄后，对于大的杂草，从茎基部铲断即可。7月上旬开始，降雨前亩撒施尿素5kg、喷施0.4% 磷酸二氢钾溶液或氨基酸水溶肥100ml，连追2~3次。在现蕾期、开花期及时去除杂株、病弱株，以保证种子纯度和质量。

## 六、搭架

白条党参花序为无限型，开花较多，6月中、下旬，在地上茎蔓相互交错前应及时搭架，可以间作玉米等高秆作物，利用其茎秆作为支架，或在种植田中插入竹竿，3只为1组，顶端捆扎，也可在种植行两端，每隔4行栽一个高1.7m 高的立柱，立柱上拉14号铁丝，以细绳将党参茎蔓拦住，绑扎在铁丝上，利用党参蔓的缠绕特性，加强通风透光，提高光合作用，防止烂蔓，以提高种子的饱满度和产量。

## 七、病虫害防治

白粉病是白条党参生长期的主要病害，7月下旬开始发病，应及时喷施戊唑醇、晴菌唑等杀菌剂进行防治。

## 八、种子采收

10月上旬，当蒴果变为淡黄色，种子变为棕红色时，当年移栽的可当年采收种子。霜冻后地上茎蔓变枯黄时，用镰刀割掉藤蔓，运回晒场，晾晒10d 左右，待蒴果完全开裂、种子干燥后及时脱粒，然后晒干，经过风选和筛子清选，除去其中的杂草、土粒、秕籽等，忌在水泥地面上暴晒。

## 九、种子贮藏

精选的种子充分晾干后，装入布袋中，保存在低温、通风、干燥的条件下，防虫防潮，忌烟熏、太阳暴晒，隔年的种子不易做种子。

# 白条党参种子繁育技术流程图

亩施配方肥50kg，生物有机肥80kg，结合施肥亩用3% 辛硫磷颗粒剂3kg，均匀撒入土壤进行土壤消毒。

图 1　整地施肥

选用渭党1号、渭党2号、渭党3号、渭党4号等优良品种的种苗，苗龄达到1年，根长≥20cm、根直径≥3mm 的大苗移植，亩用量为40kg。

图 2　种苗选择

移栽时间为3月中旬至4月上旬。

图 3　移栽

6月中、下旬，地上茎蔓相互交错前应及时搭架，加强通风透光、提高光合作用，防止烂蔓，以提高种子的饱满度和产量。

图 4　党参搭架

白粉病是白条党参生长期的主要病害，7月下旬需及时喷施三唑酮、晴菌唑等杀菌剂进行防治。

图 5　病虫害防治

10月上旬，当蒴果变为淡黄色，种子变为棕红色时，割掉藤蔓，晾晒脱粒，然后晒干。

图 6　收获种子

# 白条党参种苗培育技术

## 一、精选种子

经过过筛精选，以籽粒饱满，无虫蛀、无霉变的上一年新采收的种子为佳。要求种子纯度≥95%、种子净度≥94%、发芽率≥80%、水分≤10%。播种前剔除其中的秕粒、杂草、土块，将种子均匀摊放在干净的苫布上在太阳下晒1~2d。

## 二、种子田选择

选择海拔1700~2500m的冷凉区，土层深厚、质地疏松肥沃、有良好排灌条件或靠近水源的地方作为育苗基地，以坡度小于20°的半阴坡地为好。前茬作物以小麦、豆类和胡麻等为佳。

## 三、整地、施肥

前茬作物收获后及时深耕、晒垡，秋季结合深耕每亩施入优质农家肥2500kg，然后耙平压实，以利保墒。播种前结合整地每亩施入二铵5kg，尿素5kg作为底肥。亩用3%辛硫磷颗粒剂3~4kg和50%多菌灵可湿性粉剂1.5kg，连同肥料一并施入，预防地下害虫和根腐病。顺坡向每隔2m起宽20cm、深10cm的小沟，以利田间排水。

## 四、播种

4月中、下旬，整地后抢墒播种，播种方法有露地育苗和地膜穴播育苗。

1. 露地育苗

育苗地整平后，亩用种子6~7kg，将种子与等量草木灰、细沙或细土混拌均匀后撒施在苗床上，然后轻轻拍打，覆一层薄土压实，使种子与土壤紧密结合，以利出苗。

2. 地膜穴播育苗

将地整平，选用1.2m宽、0.01mm厚的黑地膜，用直径5cm的打孔器在成捆的地膜上打孔，孔与孔间距为10cm×10cm，每捆地膜分3次打完，然后在整平的地面上直接覆膜，覆好后，将种子均匀的按穴点播，每穴40~50粒，点播后覆少量土盖住种子，然后用洁净细沙封口；或选用1.2m 的宽、0.01mm 厚的黑地膜，拉紧铺在整好的地面上，用直径7.5cm 的打孔器在地膜上打孔，孔与孔间距为15cm × 15cm，将种子均匀的按穴点播，每穴50~60粒，点播后覆少量土盖住种子，然后用洁净细沙封口。种完第一行后，留15cm 行距铺第二行地膜，以此类推。亩用种子4~6kg。

## 五、覆草遮阴

白条党参幼苗怕晒，播种完成后，露地育苗的要及时用小麦秸秆覆盖，厚度约5cm，用树枝将小麦秸秆压住以防被大风刮起，有利于保持土壤湿润，防止强光直接晒死幼苗。地膜穴播育苗的，播种完成后，距离地面50cm 处绑上遮阳网进行遮阴。

## 六、苗床管理

1. 除草

当白条党参幼苗长出地面约5cm 时应及时除草。除草时用手压住杂草周围土壤，以防杂草带出幼苗。第一次除草要小心细致，以防伤及幼苗，以后视杂草情况及时拔除。除草后及时遮阴，防止晒苗。

2. 水肥管理

天气干旱，降雨稀少时应及时在麦草上喷水，喷水在日落后进行，水量应以覆盖草下的土壤，以彻底湿润为宜，土壤湿润时可以不喷。若遇较大降雨引起田间积水时应及时排水。秋季结合雨水每亩每次追施尿素2~3kg，追1~2次即可。

## 七、起苗

第二年早春3月中、下旬，土壤解冻后越早越好。采挖前1~2d，在地表撒少量水，使土壤潮湿。用药钗起苗，防止伤苗断根。采挖先从地边开始，贴苗开深沟，然后逐渐向里挖，要保全苗，不断根。挖出的种苗要及时覆盖，以防失水。

## 八、分级打捆

挖出来的白条党参苗，按分级扎把，根头朝一个方向扎成直径5~7cm 的小捆把，中间夹少量细湿土。将参苗把子放置在阴凉湿润的地窖中，盖上湿土或直接埋在湿土下假植，以备移栽或销售。长途运输中要覆盖湿土并遮盖篷布，防止风干失水，但应注意通风，防止种苗发热烂根。

# 白条党参种苗培育流程图

选择土层深厚，质地疏松、肥沃，有良好排灌条件或靠近水源、坡度＜20° 的半阴坡地，前茬以小麦、豆类和胡麻等作物为佳。

图 1 党参育苗地块

选择籽粒饱满，无虫蛀、无霉变的上一年新采收的种子。

图 2 党参种子

播种完成后，及时覆盖5cm 小麦秸秆，距离地面50cm 处绑扎遮阳网遮阴。

图 3 覆盖遮阳网

亩用3% 辛硫磷颗粒3kg 或1% 高氟氯·噻虫胺颗粒剂3kg，移栽前进行土壤处理。

图 4 地下害虫

天气干旱、降雨稀少时，日落后及时在麦草上喷水，覆草下的土壤以彻底湿润为宜。

图 5 田间管理

第二年土壤解冻后3月中、下旬采挖，然后分级扎把，根头朝一个方向扎成直径5~7cm 的小捆把，中间夹少量细湿土。

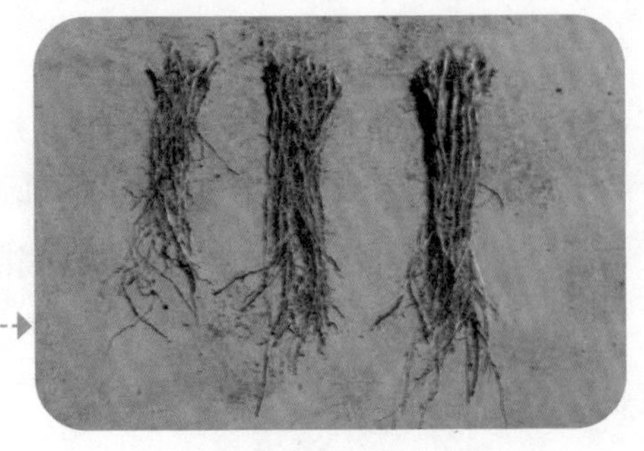

图 6 种苗采挖

# 第二节 黄芪

# 黄芪标准化种植技术

黄芪喜凉爽气候，有较强的耐寒性；怕水涝，忌高温。幼苗期要求土壤湿润，成株后较耐旱，在陇西主要分布在海拔1800~2100m，降水量400~500mm，不小于10℃积温1840℃ ~2300℃的区域范围内。

## 一、地块选择

黄芪是深根系植物，应选择周围无污染源、土层深厚、地势平坦、土质疏松、透水透气性良好的黄绵土、黑垆土、黑麻垆土，土壤 pH 在7.5~8.2。大田生产可在川水地、旱台地、旱坡地种植。最优茬口为小麦，忌连作。不易在土壤黏重、板结，含水量大的黏土以及瘠薄、地下水位高、低洼易积水地种植。

## 二、整地、施肥

前茬作物收获后进行整地，深耕30cm 以上，结合翻地施基肥，每亩施腐熟农家肥3000~5000kg、黄芪配方肥50kg、生物有机肥80kg、1% 高氟氯·噻虫胺颗粒剂5kg，耙细整平。春季翻地要注意土壤保墒。

## 三、选苗

标准分三级：一级苗根长35cm 以上，中、上部直径在6mm 以上；二级苗根长30~35cm，中上部直径在4~6mm；三级苗根长25~30cm，中、上部直径在2~4mm，定植时应选择健壮、头稍完整、根条均匀的三级以上黄芪苗，然后分级定植。

## 四、移栽

1. 移栽时间

3月中旬至4月中旬，适宜栽植期内应适当早栽。

2. 移栽方法

露地移栽：开行距35cm，沟深10cm 左右的沟，然后按株距15cm 将苗斜摆在沟壁上，倾斜度为45°，接着按相等行距重复开沟摆苗，并用后排开沟土覆盖前排黄芪苗，苗头覆土厚度4~5cm。为了保墒，要求边开沟、边摆苗、边覆土、边耙磨，亩保苗1.7~2.2万株，亩需种苗100~120kg。

35cm 地膜露头栽培：选用幅宽35cm、厚度为0.01mm 的地膜，在地边按35cm 宽分别挂二道线，然后用平铁锨铲深5cm、宽35cm 的平沟，将土扔在沟的里侧，将苗头朝外按10~12cm 株距摆苗，摆完后用刚铲起的土将苗身覆盖，厚度5~6cm，刮平垄面，在地边与种植沟垂直的方向埋入地膜，拉紧覆在平整的垄面上，种苗头部露出地膜1~2cm，最后在种植沟的里侧起土将地膜边缘和黄芪头压严，第一行完成后，按10~12cm 株距在前一行地膜边摆苗，种苗搭在地膜边1~2cm，然后种苗上覆土、覆膜、覆头压边，以此类推。

## 五、田间管理

1. 中耕除草

黄芪苗出齐后即可除草松土。一般除草不少于3次。

2. 追肥

一般结合灌溉或降雨进行，6~8追肥两次，每次亩追尿素5~8kg，开花期喷0.4% 磷酸二氢钾溶液、生态龙400~500倍液，每隔10d 施1次。

3. 摘蕾打顶

摘蕾一般于6月中旬出现花蕾时，将其摘除，最适宜打顶期为7月下旬。

4. 灌溉

有灌溉条件的地方，随时观察土壤墒情，随旱随浇，可采用滴灌或喷灌，一般大田生产浇水两次。如遇降水，可减少浇灌次数或不浇灌。

## 六、病虫害防治

### （一）虫害

危害黄芪的虫害主要有蚜虫、小地老虎、沟金针虫、蛴螬、豆芫菁、拟步甲、灰象甲等。

1. 蚜虫

成虫聚集刺吸嫩叶、嫩茎、花及豆荚的汁液，使叶片卷缩发黄，嫩荚变黄，引起生长不良，严重时全叶发黄，甚至枯死，造成减产。

防治方法：可交替喷施1.8% 阿维菌素乳油1000倍液、20% 氰戊菊酯2000倍液等药剂。

2. 小地老虎

初孵幼虫取食幼苗的嫩叶和生长点，1~2龄幼虫取食后叶面呈小孔或缺刻，有的咬穿心叶形成小排孔，3龄以后多在表土层取食茎基部，可咬断嫩茎，或在较粗茎基部咬成残缺，为害严重时大量幼苗茎部被咬断或茎基残缺，以至枯萎死亡。

农业防治：在小地老虎卵孵化前，结合中耕除草铲除地边杂草，减少成虫产卵场所。

化学防治：防治3龄前幼虫，每亩用90%晶体敌百虫50g，兑水75kg，于傍晚喷施。防治4龄后幼虫，用鲜草50kg切成半寸长左右，加90%晶体敌百虫0.25kg（先用温水溶化后拌入鲜草），每亩用毒草15kg，分放到10个地方，或用90%晶体敌百虫0.5kg兑水13kg与50kg炒香麦麸拌匀，每亩5kg，撒在地表苗根附近诱杀。

3. 金针虫

在土壤内咬食作物种子、嫩芽、根及茎的地下部分，受害主根被咬断，被害部不整齐，减少出苗或使幼苗枯死，造成缺苗断垄；或使幼苗生长不良，造成减产；或钻入根茎为害，不仅降低产量，影响品质，而且蛀孔有利于病菌侵入，导致腐烂。

采取农业防治与化学防治有机结合，因地制宜地开展综合防治，防治方法有：①深翻晒垄，压低越冬虫量；②施用腐熟有机肥，减少成虫产卵量；③土壤处理。

4. 蛴螬

蛴螬是鞘翅目金龟子科幼虫的总称，主要有云斑鳃金龟子、暗黑鳃金龟子等。蛴螬终生在土中为害作物地下部分，咬过的伤口较整齐，造成死苗，或咬断根部为土内病菌侵入创造了有利条件。

防治方法：参照金针虫防治。

5. 豆芫菁

为害症状：成虫群聚取食黄芪叶片及花瓣，尤喜食嫩叶，将叶片咬成孔洞或缺刻，甚至吃光，只剩网状叶脉。

防治方法：冬季深翻农田，消灭越冬幼虫。因有群集为害习性，可于清晨网捕，另可用80%敌敌畏乳油，或用90%晶体敌百虫1000~2500倍液，每亩用75kg药液喷雾防治，虫口密度高的地块隔7d防1次，连防2~3次。

6. 灰象甲

成虫为害幼芽、嫩叶和嫩梢，幼虫于土中为害根部。

防治方法：在成虫出土为害期喷洒或浇灌2.5%高效氯氰菊酯乳油2500倍液、5.7%氟氯氰菊酯乳油2500倍液防治。

7. 拟步甲

主要以成虫食害黄芪顶端嫩叶、嫩茎，特别是在幼苗期，常使黄芪苗顶端折断，幼苗生长迟缓甚至整株枯死，造成缺苗。幼虫主要蛀食土中根茎。

毒饵防治：90% 敌百虫，加水5~10kg，喷拌铡碎的青草100kg，或将敌百虫、麸皮、青草（1:100:200）拌成毒饵。

### （二）病害

1. 根腐病

症状：陇西6月上旬始发，染病植株叶片变黄枯萎，茎基和主根全部变为红褐色干腐状，上有纵裂或红色条纹，侧根很少腐烂，病株易从土中拔出，主根维管束变为褐色，湿度大时茎基部产生粉色霉状物。

防治方法：根腐病主要靠土壤传播，在防治上有一定难度。因此，应采取综合防治措施。

农业防治：①深翻改良土壤、增施有机肥；②轮作倒茬；③清洁地块，防止病害蔓延；④建立无病留种地，杜绝种苗传病；⑤适时早栽，加强田间管理。

化学防治：①浸苗：用噻虫嗪15g+ 恶·甲水剂30ml 浸苗，芽头露出，根子完全浸泡后取出，稍晾干后移栽，药液下降至2/3处时，加水至原位，两种药剂各加入一半的量；②喷沟：噻虫嗪60ml+ 满益佳60ml+ 益佩威20ml，兑水30kg 均匀喷雾，苗子摆好后，将药液均匀喷撒在栽植沟和苗子上。

2. 白粉病

农业防治：①合理密植，注意通风透光；②烧毁残株落叶，减少越冬菌源。

化学防治：发病初期，亩用12.5%烯唑醇可湿性粉剂30~60g、50% 嘧菌酯水分散粒剂15~25ml、10% 苯醚甲环唑水分散粒剂800~1200倍液，每10d 喷1次，连续2~3次。

3. 枯萎病

被害黄芪地上部枝叶发黄，植株萎蔫枯死。地下部主根顶端或侧根首先发病，然后渐渐向上蔓延。受害根部表面粗糙，呈水渍状腐烂，其肉质部红褐色。严重时，整个根系发黑溃烂，极易从土中拔起。土壤湿度较大时，在根部产生一层白霉。

防治措施：同黄芪根腐病。

4. 霜霉病

初期受害叶片失绿褪色，严重时叶片大量脱落，造成植株枯萎死亡。荚果染病，荚内种子表面产生灰白色霜状霉层，荚外症状不明显。

防治方法：亩用1.5% 苦参碱可湿性粉剂20~30ml，53% 甲霜·锰锌可湿性粉剂160~200g，69% 安可锰锌可湿性粉剂800倍液分别于5、6、7月下旬轮换喷施。

## 七、采挖

10月中、下旬至11月上旬土壤封冻前。先用镰刀割去地上枯萎茎蔓，然后用采挖机进行机械采挖，尽量保全根，严防伤皮断根。

# 黄芪标准化种植技术流程图

选择周围无污染源、土层深厚、地势平坦、土质疏松、透水透气性良好的土地；复合肥、有机肥结合施入。

1

图1 选地、整地

选择三级以上黄芪苗。

2

图2 种苗选择

用药剂浸泡或喷沟。

3

图3 种苗处理

3月中旬至4月中旬，在适宜栽植期应适当早栽，具体方法：露地移栽和35cm地膜露头栽培。

4

图4 种苗移栽

中耕除草、追肥、摘蕾打顶。

5

图 5 田间管理

主要虫害：蚜虫、小地老虎、沟金针虫、蛴螬、豆芫菁、拟步甲、灰象甲等。病害：根腐病、白粉病、枯萎病、霜霉病。结合生物防治和化学防治进行。

6

图 6 病虫害防治

10月中、下旬至11月上旬土壤封冻前。

7

图 7 适时采收

进行清洗除杂、切片。

8

图 8 初加工切片

# 黄芪种子繁育技术

黄芪种子繁育田要远离周边黄芪生产田，要求四周隔离带300m以内不种植豆科作物，以向阳的壤土和沙质壤土为好。

## 一、地块选择

选择地势平坦向阳、土层深厚、土质疏松、透水透气性良好、前茬未种植豆科作物的地块。

## 二、整地、施肥

前茬作物收获后及时深翻晒垡，一般深耕35cm以上，秋季浅耕、耙耱收墒。春季翻地要注意土壤保墒。按照有机肥为主、化肥为辅、基肥和追肥相结合的施肥原则，实行测土配方施肥。结合整地每亩撒施腐熟农家有机肥3000kg以上、生物有机肥80kg、黄芪配方肥50kg深翻入土。

## 三、移栽

### （一）种苗选择

应选择苗龄1年的一级黄芪苗（主根长度＞35cm，横径＞6mm）。

### （二）移栽适期

3月中旬至4月中旬，在适宜栽植期内应适当早栽。

### （三）移栽方法

1. 露地移栽

开沟，沟深30cm，行距30cm，将种苗按株距20cm斜摆在沟壁上，倾斜度为45°，摆好后接着按等行距开第二行，并用后排开沟土覆盖前排种苗，苗头覆土厚度4~5cm。边开沟、边摆苗、边覆土、边耙耱。也可用犁开沟移栽，行距30cm，因开沟较浅，将种苗以20cm株距平放在沟中。

2. 地膜露头移栽

先在地块的边缘用平铁锹铲开一条深10cm、宽35cm的沟，然后将种苗苗头露出第一条边线2~3cm，按株距20cm斜摆入已铲开的沟中，摆好后以第二条开沟线为准铲开第二行沟，同时将开沟取出的土覆在第一行已摆好的苗上，厚度在6~8cm（苗头2~3cm暂不覆土），在沟的一端埋入35cm的地膜，拉平拉展铺在第一行苗上，使苗头露出地膜2~3cm，同时取第二行的土盖在苗头上3~4cm，覆土的同时将地膜边缘压实，摆放第二行种苗时，使苗头搭在前一行地膜边缘2~3cm，以此类推，开沟、摆苗、覆土、覆膜。

## 四、种子田管理

1. 中耕除草

苗出齐后即可除草松土。一般除草不少于4次。

2. 追肥

水地结合灌水追肥，旱地结合降雨进行。每亩追施尿素5kg，开花期用氨基酸水溶肥、磷酸二氢钾叶面追肥。

3. 灌水

现蕾初期如遇干旱要浇现蕾水一次，浇水应以小水灌溉为宜，切忌大水漫灌。

4. 去杂去劣

现蕾期、开花期以及病虫害初发期去除杂株、病弱株，以保证种子纯度和质量。

## 五、采种

黄芪生长的第二、三年都可以采收种子，因种子成熟期不一致，又易脱落，故当果荚变黄色，种子呈浅褐色时应分期分批采收，随熟随采，统一打碾。或采收时期观察种子七八成熟时将茎蔓收割，放置数日观察种子全部成熟后打碾，打碾后的种子在干燥通风处阴干，切忌在太阳下尤其在水泥地上暴晒。

# 黄芪种子繁育流程图

1

选择地势平坦向阳、土层深厚、土质疏松、透水透气性良好、前茬未种植豆科作物的地块。

图 1　选地、整地

2

以有机肥为主、化肥为辅、基肥和追肥相结合的施肥原则，实行测土配方施肥。

图 2　施肥

3

种苗选择：苗龄1年的一级黄芪苗；移栽：3月中旬至4月中旬。

图 3　种苗移栽

4

中耕除草，追肥，灌水，去杂去劣。

图 4　种子田管理

5

生物防治和化学防治相结合。

图 5　病虫害防治

6

第二、三年都可以采收种子，当果荚变黄色、种子呈浅褐色时分期分批采收，随熟随采，统一打碾。

图 6　采种

# 黄芪种苗培育技术

## 一、地块选择

黄芪种苗培育田选择地势高，土层深厚、疏松、排水良好，中性或碱性沙质壤土或绵沙土地块，将土壤耙细整平，多雨易涝地应做高畦。避免与豆科作物轮作，忌连茬。

## 二、整地、施肥

一般秋季翻地，整地要深翻30~45cm，并结合翻地施足基肥，每亩施腐熟农家肥2000~3000kg，过磷酸钙25~30kg。用50% 粉锈宁可湿性粉剂和50% 辛硫磷乳油按1:1000的比例进行土壤消毒，也可春季翻地，但要注意土壤保墒。

## 三、选种

选择陇芪1号、陇芪2号优良种子，用风选法进行精选。选择无杂质、籽粒饱满、无霉变、无虫蛀和未经农药处理的新种子。

## 四、种子处理

黄芪种子外皮有果胶质层，种皮极硬，吸水力差，出苗率低。有条件的对种子进行机械擦伤处理，用碾米机在大开孔的条件下快速打一遍，一般以起毛为度，或者将种子与直径为1~3mm 的粗砂按1:1的体积混匀，用碾子压至划破种皮为好。

## 五、育苗

### （一）育苗时间

春季气温稳定在5℃以上，即4月中、下旬。播后保持土壤湿润，15天左右即可出苗。

### （二）播种深度

黄芪种子子叶顶力弱，需根据不同的土质确定播种深度，沙质土播种深度为2.5cm，壤土播种深度2.5~3cm，黏土播种深度1.5~2cm。

### （三）育苗方式

分为露地育苗和地膜育苗。

1. 露地育苗

将种子拌适量细沙撒在耙耱平的地表，用犁划破地表3~5cm，使种子入土1~2cm，再轻压一遍，亩播种量15~18kg。

2. 地膜穴播育苗

地膜选用1.2m 宽的黑色地膜，先用直径5cm 的打孔器在成捆地膜上打孔，孔与孔的间距为10 × 10cm，每捆地膜分3次打完；然后按照整地、起垄、覆膜、点种、覆沙的程序进行。垄沟深15cm，垄面宽1.1m，垄间距15cm，穴播密度20~27粒 / 穴。亩播种量12~15kg。

## 六、苗期管理

苗出齐后即可除草松土，一般除草不少于4次。水地结合灌水追肥，旱地结合降雨进行，亩追肥尿素5kg。

## 七、起苗

第二年3月上、中旬土壤解冻后就可以采挖。挖出的种苗要及时覆盖，以防失水。将苗分级扎成直径10cm 的带土小把，运往异地或就近定植。

# 黄芪种苗培育技术流程图

1

选择地势高、土层深厚、疏松、排水良好、中性或碱性沙质壤土或绵沙土地块，结合翻地施足基肥。

图 1　选地、施肥

2

选择陇芪1号、陇芪2号优良种子；种子处理为机械擦伤。

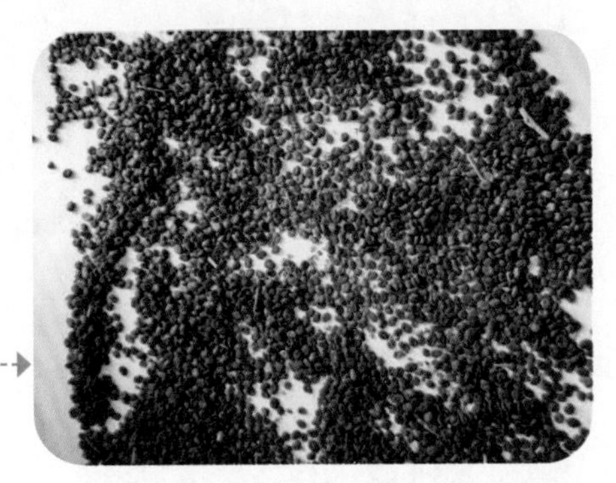

图 2　选种、种子处理

3

4月中、下旬进行育苗。育苗方式有露地育苗和地膜穴播育苗。

图 3　育苗

4

苗出齐后即可除草松土，一般除草不少于4次。

图 4　苗期管理

5

以生物防治为主，化学防治为辅。

图 5　病虫害防治

6

第二年3月上、中旬土壤解冻后就可以采挖，并定植。

图 6　起苗

# 黄芪机械化移栽技术

## 一、整地、施肥

秋末或早春整地，深耕土壤30cm以上。施肥应遵照一次性深施的原则，犁地前每亩撒施充分腐熟农家肥3500kg以上、商品有机肥80kg、配方肥50kg、3%辛硫磷颗粒3kg，可有效控制地下害虫危害。

## 二、机械选择

可选择1S–160型深松机，1GKN–160型旋耕机、2BY–6型中药材移栽机、2Z–7型中药材移栽机。

## 三、种苗选择

应选择苗长25cm以上，根直径3~5mm，侧根少、无损伤、无霉变的中苗或偏大苗移栽。

## 四、移栽

3月下旬至4月中旬，在适宜移栽期内应早栽。

移栽时主要有两组机械：

组合一：1S–160型深松机+1GKN–160型旋耕机+2BY–6型中药材移栽机，先深松、旋耕，再进行移栽。2BY–6型中药材移栽机配套动力25.7KW以上的轮式拖拉机，选择爬行四挡作业，发动机转速控制在1000~1200r/min，种植深度7~10cm，行距25cm，株距12~16cm，亩保苗数为1.5~2.3万株，在田间作业中拖拉机机组应尽量保持直线行驶，使作业中配套机具的阻力中心线处在拖拉机的中心线或比较靠近，机具纵轴与行驶方向一致。2BY–6型移栽机配备人员为8人，其中驾驶员1名，投苗人员6名，跟机观察及辅助人员1名。亩用种苗75~100kg。

组合二：1S–160型深松机+1GKN–160型旋耕机+2Z–7型中药材移栽机，先深松、旋耕，再进行移栽。种植深度7~10cm，行距20cm，株距15cm，亩保苗数为2.2万株，在田间作业中拖拉机机组应尽量保持直线行驶，使作业中配套机具的阻力中心线处在拖拉机的中心线或比较靠近，机具纵轴与行驶方向一致。2Z–7型移栽机配备人员为9人，其中驾驶员1名，投苗人员7名，跟机观察及辅助人员1名。亩用种苗75～100kg。

## 五、田间管理

追肥一般结合降雨进行，7~9月亩用尿素5kg，追2~3次。幼苗生长高度达10cm时要及时中耕除草，不少于3次。

## 六、采挖

10月下旬至11月上旬土壤冻结前用采挖机进行采挖。

## 七、初加工

黄芪采收后，去净泥土，趁鲜切除芦头、侧根，然后分级并剔除破损、虫害、腐烂变质的部分。挑选分级的黄芪在太阳下晒到含水量七成时搓条，将黄芪用无毒编织袋包好放在平整的木板上来回揉搓，搓到条直、皮紧实为止，然后将搓好的黄芪摊平晾在洁净的场院内晒2d，再进行第二次搓条，当黄芪含水量在二三成时，进行第三次搓条，方法同前两次，搓好的黄芪用细铁丝扎0.5~1kg的小把晾干。

## 八、贮藏

选择合适的场所，先将地面清扫干净，铺一层棚膜，上铺木板，将打成捆或装箱的黄芪架起，堆成正方体，码好的药堆中间留2m宽的走廊，便于通风，防止发热。库房要有通风窗，以便晴天能开窗通风，阴天能闭窗防止水蒸气侵入室内，做到库内干燥，室内相对湿度应控制在70%以内，温度不超过20℃。贮存期间不使用任何保鲜剂和防腐剂，有条件的地方可应用气调养护的方法贮藏黄芪。

# 黄芪机械化移栽流程图

1

秋末或早春整地，深耕土壤30cm以上；施肥遵照一次性深施的原则，有机无机结合，增施有机肥。

图1 整地、施肥

2

可选择酒泉铸陇1S–160型深松机、连云港巨龙1GKN–160型旋耕机、定西三牛2BY–6型中药材移栽机、陇西树强2Z–7型中药材移栽机等。

图2 机械选择

3

选择苗长25~50cm，根直径3~5cm，侧根少、无损伤、无霉变的中苗或偏大苗。

图3 种苗选择

4

3月下旬至4月中旬。种植深度7~10cm，行距25cm，株距12~16cm，亩保苗数为1.5万~2.3万株。

图4 移栽

追肥一般结合降雨进行，7~9月亩用尿素5kg，追2~3次。幼苗生长高度达10cm时要及时中耕除草，不少于3次。

图5　田间管理

10月下旬至11月上旬土壤冻结前。

图6　机械采挖

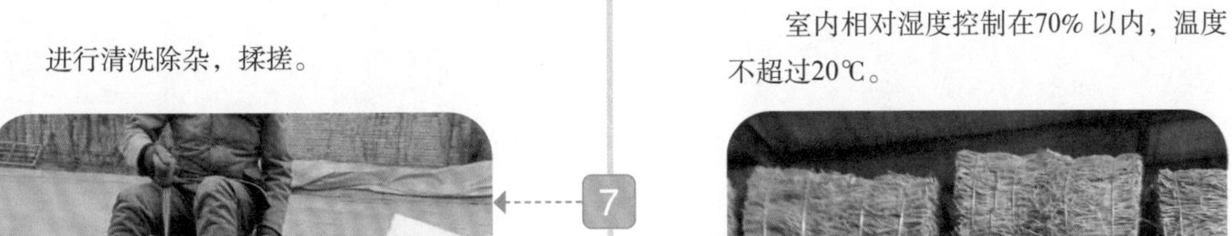

进行清洗除杂，揉搓。

图7　初加工

室内相对湿度控制在70%以内，温度不超过20℃。

图8　贮藏

# 第三节　黄　芩

# 黄芩标准化种植技术

黄芩，别名山茶根、土金茶根。为唇形科植物多年生草本植物，高30~50cm。主根粗壮，略呈圆锥形，有分枝，棕褐色。茎四棱形，基部多分枝。单叶对生，具短柄，叶披针形，全缘。总状花絮顶生，花偏生于花序一边，花唇形，蓝紫色，偶见白色和红色。小坚果近球形，黑色，包围于宿萼中。花期7~9月，果期8~10月。产于黑龙江、辽宁、内蒙古、河北、河南、甘肃、陕西、山西、山东、四川等地。

## 一、地块选择

黄芩为深根系作物，应选择土层深厚、疏松、排水良好、中性或微碱性沙质壤土或沙壤土地块种植。前茬以小麦、马铃薯、玉米为好，避免与唇形科作物轮作，忌重茬、迎茬。

## 二、整地、施肥

移栽前必须将土壤耙细整平，多雨易涝地应做高畦。耕翻整地时每亩施充分腐熟农家肥2500~3000kg、尿素7.5~10kg、过磷酸钙20~25kg、微生物菌剂5kg，或精制有机肥320~500kg 或有机无机复混肥120kg，然后精细耙耱。

## 三、种苗来源

选择苗龄达到1年、根茎长度 >10cm、横径 >1.5cm 的合格苗移植。为防止种苗虫源和移栽地的虫源，避免和减轻蛴螬、地老虎等害虫危害，移栽前需对种苗进行药剂处理，种苗集中喷施40% 辛硫磷乳剂800~1000倍液，用塑料薄膜覆盖放置1~2d 后进行移栽。

## 四、移栽

1. 栽植时间

大田栽植的最佳适宜时间3月下旬至4月中旬，在适宜栽植期内应适当早栽。

2. 栽植方法

密度：应选择健壮、头稍完整、根条均匀的优质黄芩苗。移栽行距20cm，株距

10cm，栽植量亩需中等苗40~50kg。

栽植方法：开深20~25cm 的沟，然后将苗按株距10cm 斜摆在沟壁上，倾斜度为45°，接着按行距重复开沟摆苗，并用后排开沟土壤覆盖前排药苗，苗头覆土厚度2~3cm。为了保墒，要求边开沟、边摆苗、边覆土、边耙磨。也可将药苗按株距10cm 平放在沟中，然后覆土、耙磨。

## 五、田间管理

1. 中耕除草

苗出齐后即可除草松土。一般除草不少于2次。

2. 追肥

一般结合降雨进行。主要追施无机肥，一般追肥2次，时间6 ~ 8月，每次亩追施尿素5kg。

3. 摘蕾、去杂去劣

摘蕾可防止地上部分徒长，如不收种子则割去花枝，减少养分的消耗，促使根部生长，提高产量。具体操作视田间长势随时进行，一般在6月黄芩现蕾初期将花蕾摘除。去杂去劣是良种繁育田在定植后1~2年的生育期间，通过茎、叶、花区别去除杂株，以保证种子纯度。通过植株长势观察去除弱病株，以确保种子质量。

4. 种子采收

黄芩花期长达3个月，种子成熟期不一致，又易脱落，故需随熟随采，最后连果枝割下，晒干打下种子，去净杂质备用。

## 六、病虫害防治

1. 叶枯病

危害叶片，从叶尖或叶缘向内延伸，呈不规则黑褐色病斑迅速蔓延，致叶片枯死。高温多雨季节发病重。用50%多菌灵1000倍液喷雾防治，每隔7~10d 喷药1次，连续喷2~3次。

2. 白粉病

发病初期喷施百菌清悬浮剂600倍液、20% 三唑酮乳油1500倍液、25% 丙环唑乳油4000倍液、40% 氟硅唑乳油4000倍液及45% 噻菌宁悬浮剂1000倍液。

3. 灰霉病

发病初期喷施2% 多抗霉菌素水剂200倍液、50% 乙烯菌核利可湿性粉剂1000~1500倍液、40% 嘧霉胺可湿性粉剂800~1000倍液、25% 咪鲜胺乳油2000倍液及50% 异菌脲可湿性粉剂1000倍液 +65% 甲霜灵可湿性粉剂1500倍液。

4. 蚜虫

5~8月进行防治。可喷施20% 氰戊菊酯2000~3000倍液或亩施10% 大功臣可湿性粉剂10~15g。

5. 蛴螬

蛴螬的防治，必须把农业防治与药剂防治，以及其他防治方法相协调起来，因地制宜地开展综合防治，具体方法有：①翻耕整地，压低越冬虫量；②施用腐熟的厩肥、堆肥，施后覆土，减少成虫产卵量；③土壤处理：亩用50%辛硫磷乳油1kg 拌毒土撒入田间，翻入土中。

## 七、根茎采挖

1. 采挖时期

移栽种植的黄芩当年或第二年采挖，采挖时间为10月下旬至11月上旬，土壤冻结前全部挖完。

2. 采收方法

采挖时先割去地上部分枯萎的茎蔓，然后从地边开挖深沟，深挖30cm 左右，将黄芩挖出，尽量保全根，严防伤皮断根。

3. 初加工、贮藏

采收后，除去残茎、须根，去掉泥土，捋直，置通风干燥处晾干，应避免在强光下暴晒（暴晒过度会使黄芩变红），同时还要注意防止被雨淋湿（黄芩根变黑）。晾至柔而不断即可捆把，依据直径大小和长短分级，剪切修整，扎成小捆保管。黄芩药材产品，要贮于干燥、通风良好的专用贮藏库，室内相对湿度应控制在70%以内，室内温度不超过25℃。在贮存的1~2年内不使用任何保鲜剂和防腐剂。贮藏期间要勤检查、勤翻动、常通风，以防发霉和虫蛀。

# 黄芩标准化种植技术流程图

1

选择苗龄1年以上，根长 >10cm，横径 >1.5mm 的无发霉、无病斑、无腐烂的种苗。

图 1　选择优质的种苗

2

3月下旬至4月中旬移栽。

图 2　适期移栽

3

选择50cm 白色地膜露头栽培技术。

图 3　选择适当的覆膜方式

4

6~8月，随降雨追肥，一般2次，每次亩追施尿素5kg。

图 4　黄芩大田

5

病虫害防治：农业防治与化学防治相结合。

图 5　黄芩白粉病

6

移栽当年或第二年采挖，时间为10月下旬至11月上旬，土壤冻结前。

图 6　适时采挖

# 黄芩种子繁育技术

## 一、地块选择

选择地势平坦、土层深厚、土质疏松、3年内未种植唇形科作物的地块，土壤 pH 值7.5~8.2。要求四周隔离带300m 以内无唇形科作物。

## 二、整地施肥

前茬作物收获后及时深翻晒垡，秋季浅耕耙耱收墒。若春季翻地要注意土壤保墒。结合整地亩施腐熟农家肥1500~2000kg、尿素15 ~ 20kg、过磷酸钙35~45kg、硫酸钾5~7kg。

## 三、移栽

1. 种苗选择

选择1年生的一级、二级（长度≥10cm、横径≥3mm）黄芩种苗。

2. 移栽时间

3月中旬至4月中旬。

3. 移栽方法

露地移栽：按行距20cm，沟深20cm 开沟，将种苗按株距13~14cm 斜摆在沟内壁，再按行距重复开沟摆苗，用后排开沟土覆盖前排药苗，苗头覆土厚度2~3cm。亩保苗2.3~2.5万株。

地膜露头移栽：在地块的第一行开一条深10cm、宽35cm 的梯形沟，将种苗按株距10cm 放入沟中，苗头沿梯形沟的方向稍朝上（种苗较长时，在35cm 宽的方向稍倾斜放入）；在开下一行沟的同时，把土覆入第一行放好苗的沟中，并拨成苗头高、苗尾低的斜面，使苗头露出地面2cm；将幅宽35cm 的地膜覆在第一行上，使苗头露出地膜。放第二行种苗时，使苗头搭在前一行地膜边缘2cm 处，用土压盖地膜边缘时，将露出地膜边2cm 的苗头覆盖。亩保苗2.2万株。

## 四、田间管理

1. 中耕除草

苗出齐后即可除草松土，视杂草情况确定除草次数。

2. 追肥

追肥视苗情而定，土壤肥力差可追施2次。苗期结合降雨追肥，尿素亩施5kg；开花期用0.3% 磷酸二氢钾叶面追肥。

3. 灌水

黄芩种子田在现蕾初期遇干旱要浇水1次，浇水应以小水灌溉，切忌田间积水。

4. 去杂去劣

在移栽苗期、现蕾期、开花期、采收期需及时拔除杂株及病弱株。

## 五、采收

黄芩花期长达3个月，因种子成熟期不一致，且易脱落，需待黄芩种子田里的小坚果呈黑褐色时随熟随采收，最后割去地上果枝，脱粒精选干燥。

# 黄芩种子繁育流程图

选择地势平坦、土层深厚、土质疏松、3年内未种植唇形科作物的地块。

图 1　地块选择

结合整地亩施腐熟农家肥1500~2000kg、尿素15~20kg、过磷酸钙35~45kg、硫酸钾5~7kg。

图 2　整地施肥

选择1年生的一级、二级（长度≥10cm、横径≥3mm）黄芩种苗。

图 3　黄芩苗选择

移栽方法有露地移栽、地膜露头移栽。

图 4　选择适合的移栽方法

苗期、现蕾期、开花期、采收期及时拔除杂株及病弱株。

图 5　去杂去劣

待黄芩种子田里的小坚果呈黑褐色时随熟随采收，割去地上果枝，脱粒精选。

图 6　黄芩种子脱粒

# 黄芩种苗培育技术

## 一、地块选择

黄芩为耐旱作物，发芽期需水较多，应选择墒情好、土层深厚、疏松、排水良好的中性或微碱性沙质壤土或沙壤土地块种植。避免与唇形科作物轮作，忌重茬。

## 二、整地、施肥

育苗前必须将土壤耙细整平，多雨易涝地应做高畦。耕翻整地时每亩施充分腐熟农家肥2500~3000kg、尿素7.5~10kg、过磷酸钙20~25kg、精制有机肥320~500kg、有机无机复混肥120kg，然后精细耙耱。

## 三、种子处理

播种前晒种1~2d。土壤墒情较好时可浸种催芽，将种子置于55℃ ~60℃温水中，并不断搅拌，浸泡4~6h，取出，用清水淋洗数次，放在25℃ ~28℃环境中，用湿麻袋或纱布片盖好，催芽。经过2~3h，种子萌动裂口时即可播种。土壤墒情较差时，晒种后直接播种。

## 四、育苗

1. 育苗时间

育苗可分春季和秋季育苗，春季在4~5月，秋季在8~9月，甘肃产区多采用春季育苗。

2. 育苗方式

覆膜播种法：用120cm宽的地膜，做成平垄，垄面100cm，垄沟25cm。地膜覆好后，在膜面上用点播器打穴眼，穴眼深0.5~0.6cm，穴距3~4cm，一般一垄种9行（具体操作时按打眼的大小来定，打眼器直径 <7cm 时可种12行）。穴眼打好后，将种子均匀地撒40~45粒，覆少量土盖住种子，再覆少量洗沙即可；或用打好孔的地膜（种法同上）；也可用中药材专用育苗机器播种，覆膜播种一次完成。播后15d 左右出苗，亩播种量5kg。

撒播：先将种子撒在耙耱平的地表，用犁将地表划破，使种子入土0.5cm，再耱平、压实。播后30~40d 左右出苗，亩播种量6kg。

借土铲播：将地整好后，先在地边用平铁锨将地表1cm 左右的土铲去，撒上种子，然后再挨着前一行铲土覆盖到前一行的种子上，以此类推种完整块地。播后30d 左右出苗，亩播种量6kg。

## 五、田间管理

### 1. 除草

黄芩苗出齐后即可进行第一次除草松土。这时苗小根浅，应以浅除为主，切勿过深，特别是整地质量差的地块，除草过深则土壤透风易干旱，常造成小苗死亡。以后除草次数按田间草情而定，不少于3次。

### 2. 追肥

追肥视苗情而定，土壤肥力好可追施1次，亩施尿素4~5kg。

### 3. 灌溉

黄芩不同生育时期受湿度影响不同。出苗期需要较充足的水分，土壤湿度不足会影响黄芩发芽，但苗出齐后，耐旱能力较强，一般情况下在育苗前灌足底水即可，出苗后不浇水。

## 六、采挖

### 1. 采挖时间

种苗采挖时期也就是移栽的最佳时期，在3月上旬至4月上旬。土壤解冻后越早越好。

### 2. 采挖方法

挖苗时苗地要潮湿松软，以确保苗体完整。采挖先从地边开始，在地边贴苗开沟，然后逐渐向里挖，要保全苗不断根。挖出的种苗要及时覆盖或假植，以防失水。

## 七、贮藏、运输

种苗来不及运输或移栽时，不要长时间露天放置，应及时假植以防风干，方法为用湿土覆盖，不露出根头及根部。长途运输中要湿土和种苗混装，并遮盖篷布，防止风干失水，同时还应注意通风，以防止种苗发热烂根。

# 黄芩种苗培育技术流程图

选择墒情好、土层深厚、疏松、排水良好的中性或微碱性沙质壤土种植。

图 1 地块选择

春季4～5月为适宜育苗的时间。

图 2 黄芩种子

将120cm宽的黑色地膜做成平垄，一垄种9行或12行，将种子均匀地撒40~45粒，覆少量土盖住种子，再覆少量洗沙，亩播种量5kg

图 3 地膜穴播育苗

先将种子撒在耙耱平的地表，用犁将地表划破，使种子入土0.5cm，再耱平压实，亩播种量6kg。

图 4 露地撒播育苗

追肥视苗情而定，土壤肥力差可追施1次，亩可追施尿素4～5kg。

图 5 田间管理

采挖时间为第二年3月上旬至4月上旬，土壤解冻后越早越好。

图 6 采挖及分级

# 黄芩高垄精量播种技术

近年来，随着农业机械化的普及与应用，农作物的栽培方式也发生着不同程度的变化。中药材高垄全程机械化精量直播技术就是利用农业高科技和现代化农业机械，通过精选种子、起垄、播种、采挖等一系列机械化操作过程，实现栽培全程机械化。这种方式具有技术精细化、栽培标准化、减少劳动力、降低劳动强度、节本增效、适宜新型经营主体规模化生产等特点。目前该技术应用于甘肃陇西、新疆、内蒙古等地。

## 一、配套机械

配套 ZENO 撒肥机、深松机、打药机、牌除草机、RG50型收割机、CU170型收获机等农机具。

## 二、地块选择

选择土壤有机质含量高、温暖潮湿、排水良好、地面平整、坡度和弯度小、较长且宽度不小于35m、适于机械作业的地块。

## 三、整地、施肥

黄芩种子细小，出苗较困难，播种前要精细整地。前茬作物收获后及时整地，深翻晒垡，土壤封冻前浅耕、耙耱收墒，第二年春季，亩施腐熟农家肥2500 ~ 3000kg，用 ZENO 系列撒肥机撒施配方肥50kg、生物有机肥80kg、3% 辛硫磷颗粒剂3kg，然后用深松机、250型驱动耙深翻地40~60cm，并对表土进行平整和压实。

## 四、种子选择

选择上一年采收的新种子，要求籽粒饱满、大小均匀、无病虫害、颜色为深紫色。播前用风选的方法，将其中的土块、秕籽、秸秆等杂物去除掉。

## 五、适时播种

4月中旬至5月上旬，将已经风选过的种子装入精量直播机，配套1404马力的拖拉机和托挂高起垄机，一次性完成起垄、播种，垄成梯形，垄高30cm，垄面宽30cm，垄底部宽60cm，垄面开沟条播，播深6cm，每垄3行，行距10cm，株距2cm，亩用黄芩种子4.5~5.0kg，亩保苗2.3~3万株。

## 六、田间管理

1. 除草

苗齐后即可进行第一次除草，人工铲除垄面上的杂草，以浅除为主，杂草较大时，垄面进行第二次人工除草，同时用除草机进行垄沟内杂草的清除，连续除2 ~ 3次，第二年视杂草生长情况及时铲除。

2. 病虫害防治

黄芩生长期的病虫害主要有白粉病、叶枯病、灰霉病和蚜虫，将50% 多菌灵800~1000倍液、1.8% 阿维菌素乳油1000倍液和磷酸二氢钾溶肥混合，用打药机进行喷施，追肥和病虫害防治同时进行。

## 七、采收种子

第二年7月黄芩开花结果，待黄芩种子田里的小坚果呈黑褐色时，用 RG50型收割机将黄芩地上茎秆割掉，然后晒干脱粒、去净秸秆等杂质，装入布袋贮藏备用或出售。

## 八、采挖

10月下旬至11月上旬，土壤封冻前，用力农牌 CU170型收获机采挖黄芩根，抖净泥土，剪掉根上残存的茎叶，晾晒。

# 黄芩高垄精量播种技术流程图

1

选择坡度和弯度小，适于机械作业的地块。

图 1　直播地选地、整地

2

施肥：有机无机结合，增施有机肥。

图 2　机械化施肥

3

垄成梯形，垄高30cm，垄面宽30cm，垄底部宽60cm。

图 3　开沟起垄

4

垄面开沟条播，播深6cm，每垄3行，行距10cm，株距2cm，亩用黄芩种子4.5~5.0kg。

图 4　精量播种

5

苗齐后进行第一次除草，连续2~3次，第二年视杂草生长情况及时铲除。

图 5　田间管理

6

第二年10月下旬至11月上旬，土壤封冻前采挖。

图 6　适时采挖

# 第四节　柴　胡

# 柴胡标准化种植技术

柴胡属伞形科多年生草本植物，适应性较强，喜冷凉湿润气候，耐寒、耐旱、怕涝，适宜于土层深厚、肥沃的沙质壤土中种植。生产上多采用直播种植。

## 一、地块选择

选择凉爽气候环境，海拔1800~2300m，降雨量450 ~ 550mm，光照充足，向阳平缓山坡地、梯田地或平坦川水地种植。土壤以沙质壤土及土层深厚的腐殖质土为佳，黏重土壤及低洼易涝地不宜栽培，前茬以豆类、薯类、禾谷类等作物为好，不可连作，轮作周期3年。

## 二、整地、施肥

选地后深耕、耙平，结合深耕每亩施入充分腐熟的农家肥2500~3000kg、配方肥50kg、微生物菌剂5kg，结合耙耱每亩用250ml 辛硫磷乳油拌细沙土20kg，制成毒土施入土中或亩用3% 辛硫磷颗粒剂3kg，杀灭地下害虫。

## 三、适期播种

柴胡种子寿命较短，播种应用饱满成熟、无杂质、无病虫害的新种子，隔年的陈种发芽率较低，亩用种量4~5kg，播种方法以套种为主，若是套种春小麦、燕麦、大麦、胡麻，则以春播为主，时间为3月下旬至4月下旬；若是套种冬小麦，则以秋播为主，时间为9月至10月上旬。套种作物按常规方法撒种、耙耱后，将柴胡种子均匀撒播于大田里，然后耙耱1次，做到上实下虚，利于出苗；也可于套种作物出苗后，将柴胡种子直接撒于地表，不耙耱，结合中耕翻入土中即可。在上一年种植半膜玉米后的地膜上种植，垄面宽110cm，垄间距30cm。使用手推式穴播机在垄面种植，穴距15cm，行距12cm，每穴播种量在15~20粒。亩用种量2~3kg。

## 四、田间管理

1. 除草

柴胡种植第一年幼苗期生长缓慢，只长基生叶，很少抽薹开花，杂草多且生长迅速，4 ~ 5叶时即可除草，以后视杂草情况及时除草。

2. 追肥

春播的追肥分种植当年和第二年两个阶段进行，第一年7~8月、第二年5~6月可结合降雨亩追尿素5kg，共追施2次；若是秋播的，第二年5~6月、7~8月各追施1次尿素，每亩每次5kg，生育中、后期可喷施磷酸二氢钾等叶面肥2~3次，7~9月雨量大时应注意排涝，以防烂根死苗。

3. 打顶

除留种田外，6月下旬至7月上旬，柴胡长到30 ~ 40cm 时，留茬3 ~ 5cm，及时进行打顶，防止抽薹开花，促进地下根茎生长，提高柴胡产量和品质。

4. 套种作物收获

套种作物收获时，根茬应留长些，以10~15cm 为宜，一是以免割伤柴胡茎叶，二是根茬可保护柴胡安全越冬。

## 五、病虫害防治

### （一）病害

1. 根腐病

症状及发生规律：主要出现在2年生植株上，主要危害根部，发病初期只是个别支根和须根变成褐色，腐烂，而后逐渐向主根扩展，病斑灰褐色，根全部或大部分腐烂，地上部分即枯死，一般在7~9月发生，传染很快。

农业防治：筛选抗病品种，轮作倒茬；生长后期多追施磷肥，少施氮肥；阴雨过多时，要及时疏沟，排水排涝，以降低田间湿度。

化学防治：种植时亩用0.5% 咯菌・恶霉灵颗粒剂5kg，与肥料一同撒施。

2. 斑枯病

及时清园，烧毁或深埋；雨季做好排水，防止积水；可用70% 甲基托布津可湿性粉剂600倍液、65% 代森锌可湿性粉剂500~600倍液或5% 香芹酚水剂于发病初期进行喷雾，7~10d 喷1次，连喷2~3次。

### （二）虫害

1. 蚜虫

发生规律：6~8月发生，为害柴胡上部嫩梢，常聚集在植株嫩梢和叶片上吸食汁液，影响植株的正常生长和开花结实。

防治方法：25% 吡虫啉可湿性粉剂4000~5000倍液或25% 噻虫嗪水分散粒剂6000倍液于叶面喷雾，7~10d 喷1次，连喷2~3次。

2. 黄凤蝶

发生规律：黄凤蝶每年发生3代，白天活动，交尾，卵产在柴胡叶片上，幼虫常潜伏在叶片下，夜间取食叶片，幼虫老熟后，在叶背面化蛹越冬，第二年7~8月繁殖大量后代，以幼虫危害柴胡叶片和花蕾。

防治方法：采用人工捕杀或用90% 敌百虫水剂800倍液于叶面喷雾，7~10d 喷1次，连喷2~3次。

## 六、采收种子

选择2~3年生柴胡。要求植株生长整齐一致，健壮的田块作留种田，选择健壮、无病虫害的植株作为种株，种株不进行摘除花蕾，而要进行保花增粒。播种第二年11月，待种子成熟后收割茎秆，晒干脱粒，取出杂质，置通风、干燥、凉爽处贮藏。

## 七、采挖、贮藏

柴胡在播种后的第二年10月采收，植株下部叶片开始枯萎时，用铁叉将茎秆和根一起挖出，抖净泥土，捆成小把，用剪刀剪去茎秆，留1cm 茎在根子上，扎把放置在阴凉、通风、干燥处晒干，去掉根条及残留的茎叶。柴胡应随收获随加工，不要堆积时间过长，以防霉烂。晒至七八成干时，把须根去净，根条顺直，晒干即可，干品以无杂质、无须毛、无虫蛀和霉变为佳。然后用麻袋或者透气性好的编织袋贮藏于干燥、通风、凉爽处，定期检查，注意虫蛀、霉变等发生。

# 柴胡标准化种植技术流程图

图1　施肥整地

图2　种子撒播

图3　出苗生长

图4　田间管理

图5　人工拔药

图6　铡秆晾晒

# 柴胡微垄直播技术

柴胡又名北柴胡、狭叶柴胡、红柴胡，属伞形科多年生草本植物，适应性较强，家种柴胡由野生种经药农引种栽培驯化而来，野生种柴胡常生于丘陵、荒坡、草丛、田埂、路边、林缘及林中隙地，喜欢冷凉湿润，同时还具有耐寒、耐旱、怕涝、耐瘠薄、适应范围广、适应性强等特点，适宜于土层深厚、肥沃的沙质壤土中种植。生产上多采用直播种植。甘肃省是全国有名的柴胡主产地之一，柴胡以根入药，市场需求量大，甘肃本地产品质量上乘，经济效益高，具有广阔的发展前景，但受地理环境及人工投入的影响，种植面积不大，尚未形成规模化种植，机械覆膜精量穴播种植技术是今后柴胡种植发展的趋势。

## 一、种子选择

隔年的陈种发芽率较低，播种应选用新种子，选择籽粒饱满、无病虫害、纯净度高、发芽率高、千粒重≥0.8g 的中柴1号、陇柴1号等优良品种，亩用种量2~3kg。

## 二、整地、施肥

地选好后深耕、耙平，结合深耕每亩施入充分腐熟的农家肥2500~3000kg，配方肥50kg，结合耙耱每亩用250ml 辛硫磷乳油拌细沙土20kg，制成毒土施入土中或亩用3% 辛硫磷颗粒剂3kg，杀灭地下害虫。

## 三、种植方式

以春播为主，3月至5月上旬均可播种，时间范围较长，主要根据土壤水分确定，选择幅宽120cm 黑色地膜，使用中药材微垄覆膜精量穴播机，配套农用拖拉机，作业转速540r/min，行进车速15km/h，覆膜、播种、穴位覆土一次性完成，一膜9行，穴孔径2cm，孔距15cm，行距7cm，播种深度2cm，柴胡播种只能浅，不能深，否则不易出苗，机械种植要压实地膜，不能形成错位，影响出苗。

## 四、间苗、除草

播种10d后陆续出苗，早期生长缓慢，苗小而弱，要及时掏出长在地膜下的幼苗，防止地膜捂死幼苗，4~5叶时结合中耕除草及时间苗，定苗，每穴定植10~20株。

## 五、合理追肥

6~8月为柴胡生长旺季，中耕除草后结合降雨每亩追施尿素5kg，还可叶面喷施0.4%磷酸二氢钾溶液，7~10d喷1次，连续喷3次。

## 六、采收

柴胡在播种后的第二年采挖，11月上旬植株下部叶片开始枯萎时，先将茎蔓统一割掉，再使用筛网式挖药机将根挖出，然后清理杂质，整理晾晒。

# 柴胡微垄直播技术流程图

基肥深翻，精细整地。

图 1　施肥整地

使用中药材微垄覆膜精量穴播机播种作业。

图 2　机械化联合作业

第一年幼苗期生长缓慢，只长基生叶。

图 3　出苗生长

加强间苗除草、合理追肥等田间管理。

图 4　田间管理

茎秆枯萎时人工拔药，整捆铡切晾晒收集。

图 5　人工采收

先将茎蔓割掉或打杆，再使用筛网式挖药机采收。

图 6　机械采收

# 第五节　款冬花

# 款冬花标准化种植技术

款冬花为菊科、款冬属、植物款冬的花蕾。味辛而微苦，性温归肺经，具润肺下气、化痰止咳等功效。主产于河南、甘肃、山西等省，以甘肃生产的质量为最好。

## 一、植物学特征

多年生草本，高10~25cm。根茎乳白色，横生地下；叶片宽心形或肾形，长3~14cm，宽4~12cm，先端圆形或钝尖，边缘有波状顶端增厚的黑褐色疏齿，上面有蛛丝状毛，下面有白色毡毛；掌状网脉，主脉5~9，叶柄长5~19cm，被白色绵毛。头状花序顶生；总苞片1~2层，苞片20~30，质薄，呈椭圆形，具茸毛；舌状花在周围一轮，黄色，花期2月中、下旬。

## 二、地块选择

款冬花适宜种植在海拔1600~2400m 的壤土和沙质壤土，年平均气温≥7.0℃，年降水量450mm 以上，无霜期130~180d。喜欢温暖潮湿、半阴半阳的环境，耐严寒，不耐旱，怕高温、水涝，忌连作，前茬作物以玉米、小麦、豆类和胡麻等为佳。

## 三、整地、施肥

前茬作物收获后应及时深耕、晒垡，秋季深耕地，然后耙平压实，以利保墒。移栽前结合整地亩施入5% 辛硫磷颗粒剂3kg 和50% 多菌灵可湿性粉剂1.5kg，连同肥料一并施入，预防地下害虫和褐斑病。按照有机与无机相结合、基能和追肥相结合的原则，实行测土配方施肥。亩施腐熟农家肥2500~3000kg、尿素5kg、过磷酸钙40kg、硫酸钾2.5kg。如果是“一膜两用”栽培，在第一年种植玉米覆膜前要加大基肥施用量，亩施腐熟农家肥3000kg 以上、尿素10~15kg、过磷酸钙40~50kg、硫酸钾3kg。

## 四、移栽

1. 时间

3月上、中旬，土壤刚刚解冻时就可移栽，越早越好。

2. 根状茎准备

款冬花采用无性器官地下根状茎繁殖，选择新鲜、粗壮、种节具芽、无腐烂、无病虫害的乳白色根状茎，可在上一年种植了款冬花的地块边挖边挑选，以便使用。

3. 移栽方法

有露地移栽和全膜双垄沟播玉米后茬、半膜玉米后茬种植3种。

（1）露地移栽

将根状茎掰成长5~8cm的小段，每小段留1~2个芽眼，用犁开宽25cm、深10cm的沟，然后在沟底摆放两段根状茎，再隔30cm摆放两段，摆满1行后，紧挨着用犁开第二行，开沟的同时就将第一行填平了，这一行不移栽根状茎，直接开第三行，这一行依旧是每隔30cm摆放两段根状茎，完成6~7行的移栽后，用耙子推平地表，以此类推，种一行空一行，完成移栽，亩用根状茎15~20kg。

（2）全膜双垄沟播玉米后茬种植

地膜管护：上年秋季玉米收获时，将茎秆2~4cm处砍断，留根茬于土壤中，注意不要划破地膜，收获完毕后，及时将秸秆清理出地块，地膜破损处及时封土，并加强冬季管护，严防牲畜践踏损坏地膜，最大限度保护好地膜。

移栽：在垄面上用小铲挖一个4~8cm宽、6~9cm深的坑，放入两段根状茎，然后用挖出的土将穴口覆土压实，大垄上栽2行，小垄上栽1行，以株距45cm，行距35cm为适宜的密度，亩用根状茎15 ~ 20kg。

（3）半膜玉米后茬种植

首先做好上茬玉米收后的地膜管护，土地解冻后，在垄面上用小铲挖一个宽4~8cm、深6~9cm的坑，放入两段根状茎，然后用挖出的土将穴口覆土压实，每个垄上栽2行，以株距40cm，行距40cm为适宜的密度，亩用根状茎15~20kg。

## 五、田间管理

1. 追肥

主要采取根外追肥的方法。9月上、中旬，叶面追施0.2%尿素溶液、0.4%磷酸二氢钾溶液或生态龙10g兑水100kg；或在两株之间用小铲挖6~8cm深的坑，直接埋入尿素，亩用量为1.5~2kg。

2. 中耕除草

4~6月，至少连续除3次草，以后视杂草情况勤锄早锄，但注意中耕不宜太深，同时进行根部培土，以防花蕾分化后长出，土表变色，影响质量。叶片过密时，可去除基部老叶、病叶，以利通风。

3. 灌水

苗齐后，根据土壤墒情至少要灌3～4次水，特别是7～8月遭遇干旱天气时要做到及时灌水。

## 六、病虫害防治

按照“预防为主，综合防治”的植保方针，“农业防治为主，化学防治为辅”的防治方法进行防治。

1. 褐斑病

夏季田间湿度过大易发生此病，主要危害叶片，病斑紫黑色，近圆形，中部有饼状隆起，色稍淡，严重时，病斑相互融合，形成不规则状，引起叶片枯死，花芽、花蕾变小，质量、产量下降。

农业防治：合理栽植，不宜过密；增施磷、钾肥；田间及时排水；注意田间通风透光，及时摘除植株基部老叶、病叶；收获后彻底清除病残体，集中烧毁，以降低来年初浸染源。

药剂防治：发病初期喷施65%代森锰锌可湿性粉剂500~600倍液、10%苯醚甲环唑水分散粒剂1000倍液、或50%多菌灵可湿性粉剂500倍液，交替喷雾防治，10d喷1次，连喷2~3次。

2. 小地老虎

应采取预防为主、综合防治的原则。要改善农田管理条件，及时清除田间杂草，减少小地老虎的过渡寄主，同时还能直接消灭初孵幼虫。利用地老虎的趋性对成虫诱杀也有一定效果，可利用黑光灯或糖、醋、酒诱蛾液。药剂防治时用50%辛硫磷乳油3kg兑细沙土50kg制成毒土，顺垄底撒施在苗根附近，形成7cm宽药带，每亩撒毒土20kg。

3. 沟金针虫

要精耕细作，除草灭虫。另外可用豆饼、花生饼或芝麻饼作饵料，先将其粉碎成米粒大小，炒香后添加适量水分，待充分吸水后，按50:1的比例拌入50%的辛硫磷，制成毒饵，于傍晚在害虫活动区诱杀。

4. 蛴螬

翻耕整地，降低越冬虫量；施用腐熟的厩肥、堆肥，施后覆土，减少成虫产卵量；最后一次整地时，亩用3%辛硫磷颗粒剂3kg、1%联苯·噻虫胺颗粒剂3kg，均匀拌入农家肥，一并施入，进行土壤消毒。

## 七、采挖

11月中、下旬，在地上茎叶枯黄但大部分花蕾尚未出土时，先将地上茎叶铲掉，然后用药叉将地下根连同花蕾一起挖出，抖去泥土，收后的花蕾忌露霜及雨淋，集中放在通风阴凉处掰下花蕾。

## 八、贮藏

简易贮藏应选在自然通风、温度5℃ ~10℃的室内摊放或袋装码垛存放。室内摊放时厚度小于50cm，袋装存放时码垛不宜高，且在平行袋间放置间隔木棒，包装材料选择通透性能较好的麻袋，贮存期应做到防潮、防热，延缓花蕾霉变。

# 款冬花标准化种植技术流程图

选择温暖潮湿的地块，前茬为禾本科、豆科类作物，忌连作。底肥重施有机肥，少施氮肥。翻耕20cm，整平或覆膜待播。

图1 地块选择

选择健壮无病斑根茎，每段长5~8cm，具1~2个芽眼，边采边种为佳。

图2 根茎分拣

早春土壤解冻，每穴平放2段，深度5~7cm，穴行距35cm。

图3 栽植

6~8月，结合叶面肥加施50%多菌灵或10%苯醚甲环唑水分散粒剂预防褐斑病等。

图4 病害防治

适时中耕除草；叶面肥用0.4%磷酸二氢钾和生态龙，兑水喷雾2~3次。

图5 田间管理

11月中、下旬，铲除茎叶，采挖后带土坨运输；抖土掰蕾，袋装花蕾，防热变质。

图6 采挖摘蕾

# 第六节　掌叶大黄

# 掌叶大黄标准化种植技术

掌叶大黄在历版《中国药典》中同时收载作药材大黄的原植物，属蓼科、大黄属、多年生草本植物的干燥根和根茎。甘肃、青海、西藏、四川、陕西等地主产。

## 一、地块选择

选择海拔1800~2500m，年平均气温6℃ ~8℃，土层深厚、质地疏松、肥沃的黑垆土或黑麻垆土，有良好排灌条件或靠近水源，地势平坦，透水透气性好，前茬未种植蓼科作物的地块种植。

## 二、科学施肥

移栽前，亩施腐熟农家肥2500~3000kg、尿素20~30kg、过磷酸钙30~50kg、硫酸钾2.5~3.0kg，或亩施腐熟农家肥2500~3000kg、有机－无机复混肥100kg。施底肥时将辛硫磷兑水拌入农家肥，有灌溉条件的地块冬前灌足底水。

## 三、种苗选择

选择苗龄达到1年，根长15~27cm，根直径15~21mm 的中、小苗移栽。

## 四、移栽

3月上旬至4月上旬，待土壤完全解冻后进行。移栽方法有露地移栽和全膜高垄移栽。

1. 露地移栽

开深25cm 的沟，以株距75cm 将种苗斜摆在沟前坡，摆好后按行距40cm 开第二行，用后排开沟土覆盖前排药苗，种头覆土厚度8 ~ 10cm。

2. 全膜高垄移栽

起垄底宽100cm、垄面宽80cm、高30cm 的垄，在垄面中间开深10~15cm、宽10cm 的小沟，然后用120cm 宽的地膜覆盖，在小沟两侧以株距75cm 三角式挖穴移栽，用挖出的土将穴口压实，垄间距20cm，以此类推。亩保苗2000~2200株。

## 五、田间管理

1. 中耕除草

第一次中耕除草一般在5月上、中旬进行，除草时应防止根叶受损，影响苗期生长。

2. 追肥

7~9月，结合降雨或灌溉每亩追施尿素10~15kg，或亩喷施0.4% 磷酸二氢钾溶液，连追2~3次，每次间隔7~10d。

3. 灌水与排水

有灌溉条件的地块视干旱情况补灌，遇积水及时排水。

## 六、病虫害防治

病害主要有根腐病、锈病、斑枯病等；虫害主要有蚜虫、蛴螬、金针虫等。

（一）病害

1. 根腐病

根腐病是一种真菌引起的病害，造成根部腐烂，使得吸收水分和养分的功能逐渐减弱，最后导致全株死亡，地上部分表现为整株叶片发黄、枯萎。

农业防治：合理轮作倒茬，深翻晒垡，增施有机肥，发现病株及时拔除，用石灰消毒病穴。

化学防治：种植时亩用0.5% 咯菌·恶霉灵颗粒剂5kg，与肥料一同撒施。

2. 锈病

主要危害叶片，有时也发生于茎部，叶背初生圆形、苍白色小疱斑，表面破裂后呈现黄褐色粉堆，后叶片和茎上形成黑褐色孢子堆。孢子堆较多时常产生局部斑块，甚至叶片干枯脱落。

农业防治：选择地势高、干燥、排水良好的地块种植。大雨后及时排水，适当增施磷、钾肥，促进植物健壮生长，增强抗病性。

化学防治：发病初期和流行期亩喷10% 苯醚甲环唑水分散粒剂1000~1500倍液、250g/l 嘧菌酯悬浮剂40~60ml、25% 吡唑醚菌酯悬浮剂30~35ml，每10d 喷1次，共喷2~3次。

3. 斑枯病

主要危害叶片。叶片病斑多角形至近圆形，暗褐色至淡紫色，发病严重时病斑连片或穿孔，导致叶片枯黄。

农业防治：加强水肥管理，合理密植，及时清除杂草，提高植株抗病能力；秋季作物收获后清理残枝病叶，减少地块病原菌越冬。

化学防治：可用70%甲基托布津可湿性粉剂600倍液、65%代森锌可湿性粉剂500~600倍液，或5%香芹酚水剂于发病初期进行喷雾，7~10d喷1次，连喷2~3次。

### （二）虫害

#### 1. 蚜虫

主要发生在嫩芽和嫩叶上，成群吸食植株汁液，使嫩芽枯萎、幼叶卷缩。一年可发生多代，主要以无翅的胎生雌性蚜虫和若蚜为主。

化学防治：用阿维菌素、吡虫啉等喷雾防治，视虫情轮换用药喷雾2~3次。

#### 2. 蛴螬

幼虫以茎叶为食，咬断嫩茎，造成缺苗断垄；稍大后，则钻入土中，夜间出来活动，咬食幼根、细苗，破坏植株生长。

农业防治：粪肥须高温堆制，充分腐熟后再施用；将辛硫磷乳油兑水，拌入有机肥中，结合耕翻施入耕作层内。3月下旬至4月上旬铲除地边杂草，清除枯落叶，消灭越冬幼虫和蛹。

化学防治：用75%辛硫磷乳油按种子量的0.1%拌种；日出前检查被害株苗，挖土捕杀；危害严重时，用75%辛硫磷乳油700倍液进行穴灌，或喷洒90%敌百虫600倍液。

#### 3. 金针虫

同蛴螬防治方法。

## 七、采收

10月下旬至11月上旬，秋末茎叶枯萎或次春发芽前采挖，先割去地上部分，然后挖出全根，也可以机械采收。

# 掌叶大黄标准化种植技术流程图

选土层深厚、地下水位高、质地疏松肥沃的黑垆土或黑麻垆土种植；亩施腐熟农家肥2500~3000kg、尿素20~30kg、过磷酸钙30~50kg、硫酸钾2.5~3.0kg，翻耙待种。

图1　整地施肥

选1年生种苗、根长15~27cm、根直径15~21mm的中、小苗移栽。

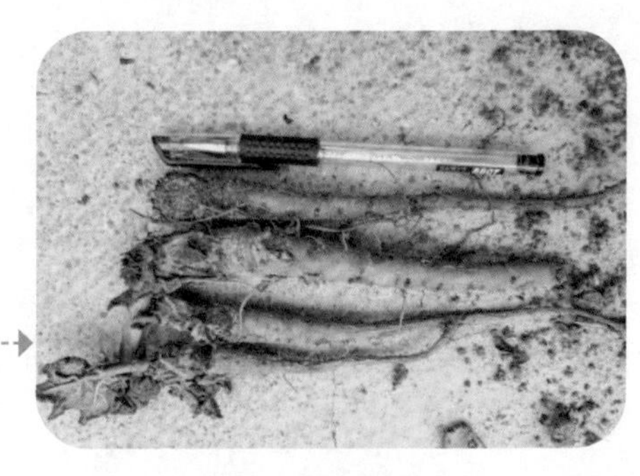

图2　选苗

3月上旬至4月上旬，土壤解冻后。采用露地开沟移栽和全膜高垄移栽进行。

图3　移栽

5月中、下旬依长势中耕培土，用尿素10~15kg追肥。

图4　中耕培土

区域性常见斑枯病和蚜虫为害，勤查勤看，科学防治。

图5　病虫害防治

10月下旬至11月上旬，秋末茎叶枯萎或次春发芽前采挖，先割去地上部分，然后挖出全根，也可机械采收。

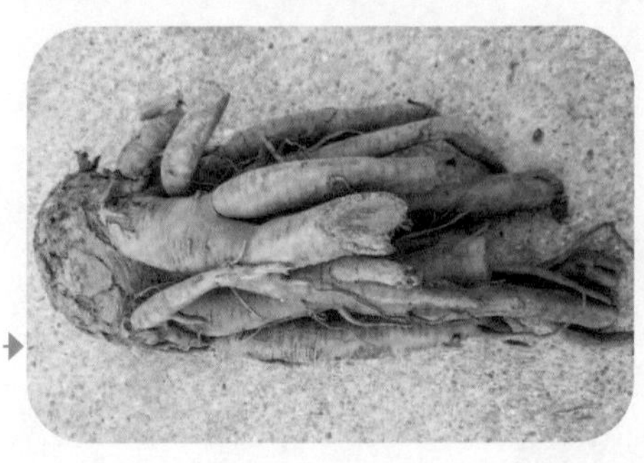

图6　适时采挖

# 掌叶大黄种子繁育技术

掌叶大黄主秆高可达3m，粗壮木质根状茎。茎直立、中空，叶片长宽近相等，基部近心形，叶上面粗糙到具乳突状毛，叶柄粗壮、圆柱状，与叶片近等长，托叶鞘大，内光滑，外粗糙。圆锥花序，花小，呈紫红色、黄白色或白色；花梗关节位于中部以下；花被片外轮较窄，内轮较大，宽椭圆形到近圆形，雄蕊不外露，与花丝基部粘连；子房菱状宽卵形，果实矩圆状、椭圆形到矩圆形，种子宽卵形，棕黑色。6月开花，8月结果。

## 一、地块选择

制种田四周应设不少于300m的隔离带或不得种植同科属的作物。要求海拔1800~2500m，年平均气温6℃~8℃，土壤pH值7.5~8.2。选择地势平坦、土层深厚、透水透气性好、质地疏松肥沃的黑垆土或黑麻垆土，排灌方便，旱涝保收的地块。

## 二、整地、施肥

前茬作物收获后应及时深翻晒垡，秋季浅耕耙耱。结合整地亩施腐熟农家肥2000~2500kg、配方肥40kg。

## 三、移栽

### （一）种苗选择

选择1年生掌叶大黄的一级、二级苗作种苗。

### （二）移栽

3月中旬至4月中旬。常用的移栽方法有露地移栽和全膜高垄移栽。

1. 露地移栽

开深25cm的沟，以株距50cm将种苗斜摆在沟前坡，摆好后按行距40cm开第二行，用后排开沟土覆盖前排药苗，苗头覆土厚度8~10cm。

2. 全膜高垄移栽

起垄底宽100cm、垄面宽80cm、高30cm的垄，垄间距40cm，在垄面中间开深10~15cm的小沟，然后用120cm宽的地膜覆盖，在小沟两侧以株距50cm按梅花式挖穴移栽，深度10~20cm，用挖出的土将穴口压实，以此类推。

## 四、留种田管理

1. 中耕除草

苗期及生长中、后期视杂草情况及时中耕除草，一般除2~3次。

2. 去杂去劣

为确保种子品质，依据大黄叶片、茎秆等的色泽、形状及抗性去除杂株、病弱残株，预留田间长势均匀、性状一致的植株作种子生产。移栽后第二年，依据植株花序的色泽、果穗整齐度等性状进行第二次去杂去劣，去杂应在开花前完成。

3. 追肥

5~6月抽薹时，加强肥水管理，增施磷、钾肥，促使种子成熟饱满。

## 五、种子采收、贮藏

移栽后第二年7月中、下旬，大部分种子颜色呈浅褐色时，用剪刀等工具及时采收果穗，放置在晒场干燥后脱粒，除去残枝枯叶，装入透气性较好的麻袋，种子存放应选在干燥通风处，防止强光照射、烟熏、潮湿、虫蛀。

# 掌叶大黄种子繁育技术流程图

制种田四周应设不少于300m 的隔离带或不得种植同科属的作物。

图 1　制种环境

选择疏松肥沃、土层深厚、地下水位高、交通便利的地块；整地亩施腐熟农家肥2000~2500kg、配方肥40kg。

图 2　选地整地

3月中旬至4月中旬，选1年生掌叶大黄的一、二级苗作种苗移栽，株行距50cm × 45cm。

图 3　移栽管理

开花前，依掌叶大黄叶片、茎秆、花蕾等的色泽、形状及抗性剔除杂株、病弱残株，预留长势均匀、性状一致的植株留种。

图 4　去杂去劣

生长中、后期视杂草情况中耕除草；5~6月抽薹时，增施磷、钾肥，以提升种子成熟饱满度。

图 5　除草追肥

待大部分种皮颜色呈浅褐色时，用剪刀等工具分批采收果穗，置晒场干燥后脱粒，精选，装袋置干燥通风处，防虫蛀、霉变。

图 6　分批采种

# 掌叶大黄种苗培育技术

## 一、选种、晒种

1. 选种

育苗应选择栽植两年以上的植株上新采收的色泽鲜艳、籽粒饱满的种子。播种前利用风选的方法精选种子，以提高种子的净度。

2. 晒种

将选好的种子晾晒1~2d，能有效促进种子酶的活性，提高发芽率，也可杀死依附种子表面的病菌虫卵，减少生长期内病虫害的发生，但要谨防胚芽灼伤，影响发芽。

## 二、播种

1. 播种时间

3月下旬至4月中旬。

2. 播种方法

有露地撒播法和地膜穴播法两种。

（1）露地撒播法

先将种子撒在耙耱平的地表，然后用犁划破地表，深度3~5cm，使种子入土1~2cm，再耱平压实即可。有条件的地块可覆盖细沙，厚度1~2cm。采用撒播法可适当增加种子用量，亩用种量6.5kg 为宜。

（2）地膜穴播法

选用宽1.2m、厚0.01mm 的黑色地膜。在整平的地面上覆膜，再用直径7.5cm 的打孔器打孔，孔间距15cm × 15cm，将种子均匀撒入播种穴，每穴6~10粒，覆少量土，与种子混合，然后用洁净细沙封口，依次进行。每亩播种量4~6kg。

## 三、苗床管理

1. 中耕除草

幼苗出土后出2~4片叶子时，晴天土壤湿度不大时结合中耕进行除草，其生长期内视杂草生长情况确定除草次数，尽量避免雨天除草。

2. 水肥管理

根据土壤墒情灌水，追肥结合灌水或降雨亩追施尿素5~10kg。7~8月，叶面喷施1~2次磷酸二氢钾。

## 四、病虫害防治

主要病害有斑枯病、锈病等；虫害主要有蚜虫、蛴螬等。防治遵循预防为主，防治结合的原则，有农业防治和化学防治法。

## 五、起苗

早春土壤解冻后，于2~4月新叶未出土前采挖。选用地膜穴播法育苗的地块在采挖前先除去地膜，再进行采收。从地边开始贴苗开深沟，然后逐渐向里挖，种苗挖出后尽量减少水分的散失。

# 掌叶大黄种苗培育技术流程图

1

选栽植两年以上植株产的色泽鲜艳、籽粒饱满种子。播前晒种1~2d，谨防胚芽灼伤，影响发芽。

图 1　选种晒种

2

3月下旬至4月中旬，采用露地撒播和地膜穴播法育苗。

图 2　覆膜播种

3

幼苗出土后出2~4片叶子时，适时除草；结合降雨亩追施尿素5~10kg。

图 3　苗床管理

4

用阿维菌素、吡虫啉1500~2000倍液等喷雾防治，视虫情轮换用药喷雾2~3次，采收前30d停止用药。

图 4　蚜虫防治

5

发病初期用50%多菌灵500倍液、50%代森锰锌600倍液喷雾，轮换用药，间隔7~10d，连喷2~3次。

图 5　斑枯病防治

6

早春土壤解冻后，2~4月新叶未出土前采挖。

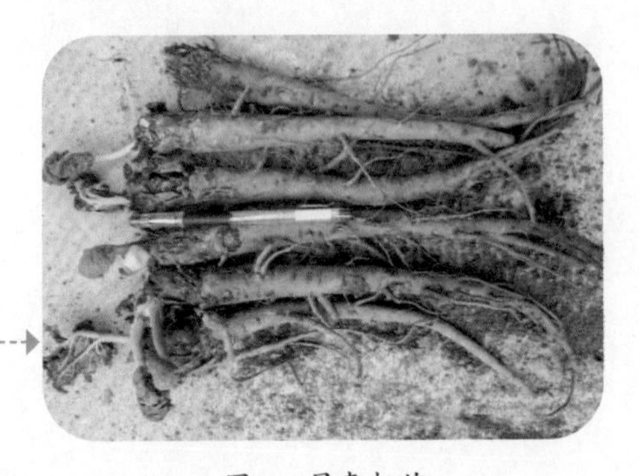

图 6　早春起苗

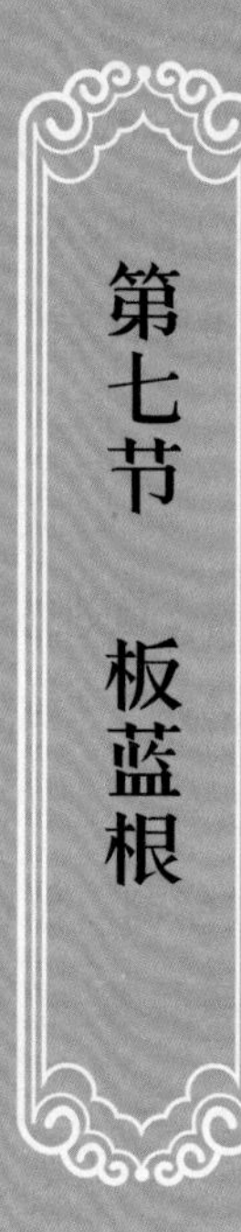

# 第七节　板蓝根

# 板蓝根标准化种植技术

板蓝根为十字花科1年或2年生草本植物，干燥根入药。株高20~30cm。主根深长，圆柱形，外皮灰黄色。茎直立，上部多分枝，光滑无毛，单叶互生，基生叶较大，具柄；叶片圆状椭圆形，茎生叶长圆形至长圆状倒披针形，基部垂耳状箭形半抱茎。复总状花序，花梗细长，花瓣4，花冠黄色。角果长圆形，扁平，边缘翅状，紫色，顶端圆钝或截形。种子1枚，椭圆形，褐色有光泽。花期4~5月，果期5~6月。

## 一、种子选择

以籽粒饱满、无虫蛀、无霉变、紫红色的上一年新采收的种子为佳。播种前必须经过过筛精选，捡去其中的秕粒、杂草、土块，晾晒1~2d。

表1　种子质量规定

| 项　目 | 种子类别 | 品种纯度（%） | 种子净度（%） | 发芽率（%） | 水分（%） |
|---|---|---|---|---|---|
| 要　求 | 大田用种 | ≥ 99.0 | ≥ 95 | ≥ 85 | ≤ 12 |

## 二、地块选择

板蓝根是深根类植物，喜欢温凉的环境，耐寒冷、怕涝渍。栽培应选地势平坦的川地或较为平坦的缓坡地，要求排水良好、疏松肥沃的沙质壤土或壤土，不宜在低洼、积水地、重黏土壤中种植。

## 三、整地、施肥

上年秋季深翻土地20~30cm，使土壤充分熟化，接纳雨水，增加土壤含水量，第二年土壤解冻后再浅耕一次，耕翻整地时每亩施入农家肥3000kg 以上、尿素15~20kg、过磷酸钙30~40kg、硫酸钾3~5kg。

## 四、播种

1. 播期

板蓝根最适宜的播期为4月底至5月上旬。

2. 播种量

亩播种量为2~3kg。

3. 播种方法

播种方法为露地撒播。将种子均匀撒播在整好的畦面上，然后耙平耱细，种子入土1~2cm，使种子和土壤充分结合。

## 五、田间管理

1. 定苗

4~5片真叶时，结合松土、除草，按株距3~4cm 定苗，控制亩保苗在5万 ~6万株。定苗后，生长前期宜干不宜湿，促使根部下扎。

2. 中耕松土、除草

齐苗后进行第一次中耕除草，松土深度3~5cm，以后每隔半月除一次草，松土深度5~8cm，保持田间无板结、土壤疏松、无杂草。封行后停止中耕除草，只需拔出大草即可。

3. 灌水与排水

以天然降雨为主，若遇持续干旱气候，有灌溉条件的地方可根据具体情况补灌2~3次，以地面不积水为宜。整个生长期内，雨季要经常注意田间排水，确保雨水通畅排出。

4. 追肥

生长中、后期开始追肥，亩施尿素5 ~ 10kg，一般为根外随水追肥，同时也可叶面喷施0.4% 磷酸二氢钾溶液或0.2% 尿素溶液，共施肥2 ~ 3次。

## 六、病虫害防治

### （一）病害

1. 霜霉病

（1）农业防治

合理轮作倒茬，避免与十字花科等易感霜霉病的作物连作或轮作；入冬前彻底清除田间病残体，降低越冬菌源；降低田间湿度，及时排除积水，改善通风透光条件；合理密植，适时播种；合理施肥，重施有机肥。

（2）化学防治

用30% 吡唑醚菌酯 · 精甲霜灵水分散粒剂2500~3000倍液，65% 代森锌可湿性粉剂600倍液，隔7d 喷1次，连喷2~3次。

2. 菌核病

用50% 甲基托布津可湿性粉剂500倍液、50% 多菌灵可湿性粉剂1000倍液，交替喷雾，隔7d 喷施1次，连喷2~3次。

3. 白粉病

40% 唑醚 · 戊唑醇悬浮剂500倍液，或30% 肟菌 · 戊唑醇悬浮剂500倍液喷雾，隔7d 喷施1次，连喷2~3次。

**（二）虫害**

主要是地下害虫、菜青虫、潜叶蝇、桃芽等。

1. 地下害虫

作物收获后深翻耙耱；施入底肥时亩用3% 辛硫磷颗粒剂3kg 或0.3% 噻虫嗪颗粒剂5kg 均匀拌入农家肥一并施入。

2. 菜青虫

在幼虫3龄以前喷施2.5% 高效氯氰菊酯2000倍液、4.7% 高效氯氟氰菊酯3000倍液，连续喷施2~3次。

3. 桃芽

发生期10% 吡虫啉可湿性粉剂1000~1500倍液或5% 啶虫脒乳油3000~5000倍液防治，连续喷施2~3次。

4. 潜叶蝇

用1.8%阿维菌素乳油3000倍液、48%乐斯本乳油1000倍液、1.8%爱福丁乳油2000倍液喷雾防治，交替喷施2~3次。

## 七、采收

最佳采收期为10月中、下旬，先用铁锨铲掉大青叶，然后用铁叉垂直向下在地边开50cm 的深沟，再顺着沟断面向前小心挖起，切勿伤根或断根；抖去外表皮泥土运回。

## 八、贮藏

贮存时，先将地面清扫干净，用生石灰撒施在仓库四周进行消毒，将码起的药堆中间留1.5~2m 宽的走廊，库内相对湿度控制在70%以内，温度保持在5℃ ~10℃，不使用任何保鲜剂和防腐剂，勤检查、勤翻动、常通风，以防发霉和虫蛀。

# 板蓝根标准化种植技术流程图

1

选籽粒饱满，净度≥95%，无虫蛀、霉变的新种子。

图 1　选种晒种

2

足施有机肥，补施复混肥，拌施土壤消毒剂，深翻25cm。

图 2　足施底肥

3

谷雨时节，露地撒播，亩用种2~3kg，播种深度2cm。

图 3　播种耙耱

4

视长势适时中耕除草，7~8月亩追施尿素5~10kg。

图 4　适时中耕除草

5

轮作倒茬，合理密植，勤查勤看，采挖前30d 停用农药。

图 5　科学用药

6

10月中、下旬，铲除大青叶收集晾晒，视根长垂直采挖。

图 6　去叶采挖

# 第八节　关防风

# 关防风标准化种植技术

关防风，为伞形科、多年生草本植物防风的干燥根。关防风主产于东北各省和内蒙古、河北、山东等地。

## 一、植物学特征

关防风为多年生宿根草本。第一年仅生长基生叶，丛生，茎单生。两年生关防风大部抽薹开花，株高50~80cm。茎生叶互生较小，成不完全叶。复伞形花序，顶生；伞梗5~9，不等长；总苞片缺如；小伞形花序，有花4~9朵，小总苞片4~5，披针形；萼齿短三角形，较显著；花瓣5个，白色，倒卵形，凹头，向内卷；子房下位，2室，花柱2个，花柱基部圆锥形。双悬果卵形，幼嫩时具疣状突起，成熟时裂开成2分果，悬挂在二果柄的顶端，分果有棱。花期6~7月，果期7~8月。

## 二、地块选择

关防风喜温和耐寒冷，怕高温多湿。常在背阴湿润、土层深厚的山坡上生长。宜选择土层深厚、疏松肥沃、排灌方便的沙质壤土种植，海拔1600~2500m，降水量370~500mm，不小于10℃积温2000℃ ~2500℃的区域内土质疏松、肥沃并富含有机质的地块，土层厚度50cm 以上。前茬以豆类、玉米及小麦最佳，忌重茬及黏土地种植，水旱地均可。

## 三、整地、施肥

播种前必须细致整地，8月初至10月初秋深翻，深度40~50cm，清除残根、充分暴晒，杀死土壤中病虫，秋季耙耱整平土地。春季解冻后趁春雨雪及时整地，结合耙耱亩用250ml 辛硫磷乳油兑20kg 细沙土制成毒沙土施入土内，杀灭地下害虫，减轻虫源。春季随整地每亩施入腐熟农家肥4000~5000kg、过磷酸钙20~30kg、尿素10kg、磷酸二铵7.5~8kg、尿素7.4kg。秋天最适在深翻前施入地表面，然后翻入耕层。最迟要在整地前施入，施肥要均匀。

## 四、栽植方法

1. 栽植时间

直播：早春气温达到15℃时进行，4月上、中旬为宜。

移栽：适宜时间为4月，在适宜栽植期内应适当早栽。

2. 种苗量

直播每亩以种子3~5kg 为宜；移栽每亩以种苗50~80kg 为宜。

3. 播种方法

（1）直播法

按25 ~ 30cm 的行距划行开沟，深1~1.5cm，种子均匀撒入沟内，覆土0.7~lcm，稍压平，注意保持土壤湿润以利出苗。

（2）移栽法

缓坡地等高线行向种植。栽植时按行距30cm 开沟，按株距15cm 栽苗，覆土压实。具体方法是：开深15cm 左右的沟，然后将苗按株距斜摆在沟壁上，根头同方向摆放，倾斜度为45° ，接着按行距重复开沟摆苗，并用后排开沟土壤覆盖前排种苗，苗头覆土厚度2~4cm，为了保墒，要求边开沟、边摆苗、边覆土、边耙耱。

## 五、田间管理

1. 灌溉

随时观察土壤墒情，有条件的地方宜采用灌水措施。一般情况下浇水2次，苗高10cm 灌第一水，后期若干旱灌第二水。如遇降水，可减少浇灌次数或不浇灌。8~10月雨水较多时，要注意排水。

2. 中耕除草

当苗高3cm 时进行第一次中耕除草，10cm 时进行第二次中耕，以后每月1次。田间杂草防治应作到早除、勤除。

3. 追肥

在定苗后适当追肥。苗高16cm 左右时，每亩追施尿素8~10kg、磷酸二氢钾3~5kg，水地随灌水施入，旱地可结合中耕除草或雨后进行追施，将肥料均匀撒入地表，结合中耕除草，使肥土混合。收获前30d 内不得追施无机肥。

4. 中耕除草

幼苗生长高度达10cm 时，要及时中耕除草，疏松距地表深5cm 的土壤。除草做到除早、除尽，生长期内至少要除两次草。同时，要进行中耕松土2~3遍，为幼苗根系生长改善环境，促使根系深扎，达到壮苗的效果。

5. 打薹

在5~7月抽薹开花前，除留种外，发现花薹时应及时将其摘除。

## 六、病虫害防治

1. 金凤蝶

6~9月发生为害，幼虫咬食叶片和花蕾。可采用人工捕杀或用50%敌敌畏乳油1000~1200倍液、10%氯氰菊酯乳油2000~3000倍液每隔7d喷1次，连喷2~3次。

2. 赤条椿蟓

6~8月发生为害，成虫和若虫吸取汁液，使植株生长不良。用50%敌敌畏乳油1000~1200倍液喷杀。

3. 蚜虫

蚜虫是药用植物最常见害虫，危害叶片及嫩茎，严重时茎叶布满蚜虫，吸取汁液，使叶片卷曲干枯，嫩茎萎缩，影响药材产量及质量。

防治方法：用10%吡虫啉可湿性粉剂1500倍液，或3%啶虫脒可湿性粉剂2000倍液，每5~7d喷雾1次，连续2~3次。必要时可增加喷雾次数，但药液浓度过大或喷药间隔较短容易产生药害。

4. 黄翅茴香螟

发生在现蕾开花期，幼虫在花蕾上结网，取食花与果实，8月上、中旬是为害果实盛期。

防治方法：发生期用90%敌百虫800倍液、50%杀螟松乳油1000倍液，或用25%溴氰菊酯乳油3000倍液傍晚喷雾防治，每7~10d喷1次，连续喷2~3次。

5. 白粉病

白粉病常在夏秋季发生。被害叶片两面呈白粉状斑，后期逐渐长出小黑点，严重时使叶片早期脱落。发病初期用15%粉锈宁800倍液或50%多菌灵1000倍液喷雾，每隔7~10d喷1次，连喷2~3次。

6. 根腐病

在多雨季节发生。发病初期叶片萎蔫，根部与地面交接处变黑腐烂，根皮脱落，几天后整株死亡。

防治方法：①农业措施：选择土层深厚、排水良好、疏松干燥的沙质壤土种植，雨季注意排水，防止积水烂根；②化学防治：及时拔除病株，并用生石灰消毒，预防大面积传染，同时用50% 多菌灵500倍液于根际处浇灌。

7. 立枯病

根、枝条、茎整株均受危害。受害后主根表皮破裂，部分干腐，病斑红褐色条状，有白色菌丝体和黑褐色菌核，枝条呈褐色或黑色焦枯，茎基部呈现长条形黑色病斑，病斑很快扩大呈水渍状，病部逐渐萎缩、腐烂，最后整株枯死。

防治方法：①农业措施：合理密植，注意通风透光，及时摘掉下部枯叶，清出田外烧毁或深埋，减少传染源；②化学防治：用15% 恶霉灵水剂7~12g/$m^2$进行土壤处理，或亩喷30% 精甲 · 恶霉灵水剂800~1200ml，每7~10d 喷1次，连喷2~3次。

## 七、采收与加工

1. 采挖时期

移栽种植的关防风宜当年或第二年采挖，采挖时间为10月下旬至11月上旬，土壤冻结前全部挖完。

2. 采收方法

采挖时先割去地上部分枯萎茎蔓，然后用铁叉从地边开挖深沟，深挖40cm 左右，将关防风草挖出，尽量保全根，严防伤皮断根。如关防风抽薹根茎木质化严重，必须去除。

3. 采收后贮藏

挖出根后，去净残茎、泥土等杂质，晒至半干时去掉须毛，按粗细长短分级，晒干至八九成干时捆成1kg 的小捆，再晾晒至全干即可。

# 关防风标准化种植技术流程图

基肥深翻，种前细致整地。

图 1　施肥整地

根粗≥5mm 用剪刀斜剪芦头3/4以上。

图 2　种苗处理

多型微耕机或人畜力开沟。

图 3　微耕机开沟

栽植行距30cm、株距15cm 开沟摆苗、覆土压实。

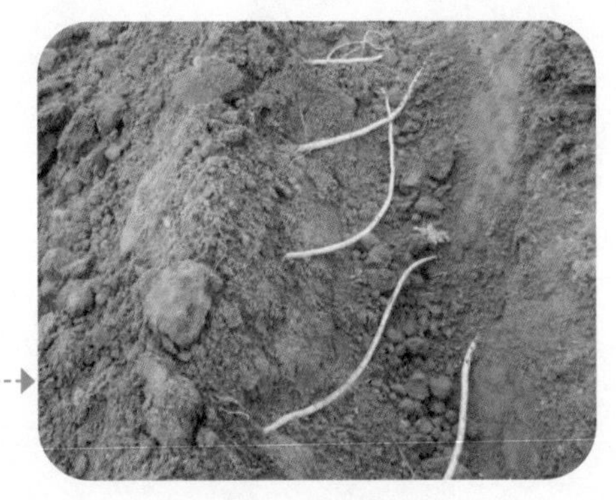

图 4　人工摆苗

出苗后采取抗旱保墒、中耕除草、化学追肥等管理措施。

图 5　大田苗期

花期铲除花薹防抽薹。

图 6　大田长势

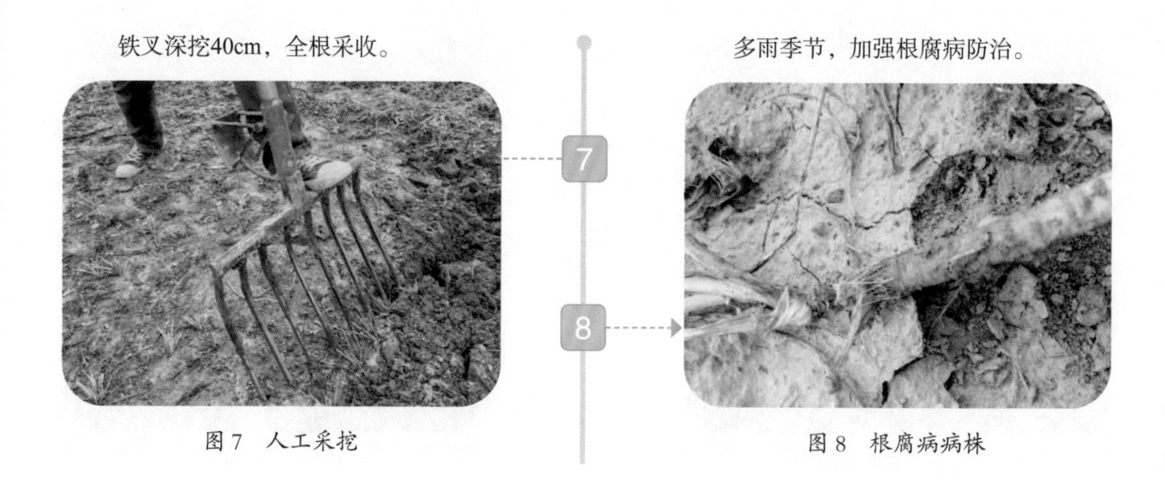


图 7　人工采挖

图 8　根腐病病株

# 关防风种苗繁育技术

## 一、种子质量

1. 种子来源

种子自产或外调。种子多来源于河北、黑龙江、四川、内蒙古等地。

2. 种子质量指标要求

大田用种应选择品种纯度≥99.0%、种子净度≥90.0%、发芽率≥60%、水分≤14%的种子。

## 二、地块选择

关防风育苗适宜土壤为沙壤土、壤土、黄绵土、黑垆土等。喜温暖、凉爽的气候条件，耐寒，耐旱，怕高湿，忌雨涝，在潮湿的地方生长不良，喜生于草原、山坡和林地边，适生于土层深厚、土质疏松、肥沃、排水良好的地块。

## 三、整地、施肥

育苗前必须细致整地。秋翻深度25～30cm，随翻、随耙，清除残根、石块，耙平耙细。水浇地灌冻水或早灌春水，旱川地春季解冻后趁春雨雪及时整地，每亩分别施入农肥4000～5000kg、过磷酸钙30kg 和尿素10kg（或磷二铵7.5kg、尿素7.4kg），后精细耙耱。

## 四、播种

1. 播种时间

最适宜时间为3月下旬至4月。关防风发芽的适宜温度为15℃，当土壤5cm 深处的地温稳定在15℃左右时，即可播种。

2. 播量

撒播法每亩育苗播量为3~4kg，覆膜法每亩育苗播量为2.5~3kg。

3. 播种方法

（1）撒播法

将种子撒在耙耱平的地表，再耙耱一次，使种子入土2～3cm，再压一遍，然后立即覆盖1cm 厚细沙或麦草，保持地墒。

（2）黑地膜覆膜法

用幅宽120cm 的黑色薄膜覆盖，垄面110cm，垄沟30cm，膜两边用土压实，防被风吹起。播种之前直接定做打好孔的地膜，或用手持打孔器，在地膜上并排打孔（穴），使得孔穴直径6cm，穴深2~3cm，穴距10~11cm，行距8~10cm，每穴点入处理过的种子17~20粒，稍覆细土，再覆一层洁净细河沙，增温保墒防板结。

## 五、田间管理

1. 灌溉

有灌溉条件的，要灌足底墒。并随时观察土壤墒情，随旱随浇，有条件的地方可采用滴灌或喷灌。一般浇水3次，苗出齐后灌第一水，苗高10cm 灌第二水，后期若干旱灌第三水。如遇降水，均可减少浇灌次数或不浇灌。秋季8~10月雨水较多，要注意排水，以免水分过多。

2. 追肥

追肥时可结合灌水亩追尿素15kg。苗高10cm 以上和幼苗分枝期，可分两次喷施磷酸二氢钾等叶面肥，喷施浓度为20~25g，原药兑水15kg。

3. 中耕除草

幼苗生长高度达10cm 时，要及时中耕除草，疏松距地表深5cm 的土壤。除草作到除早、除小、除了，生长期内至少要除3次草。

## 六、采挖

1. 采挖时间

种苗采挖时期也就是移栽的最佳时期，一般在翌年3月中旬至4月中旬。土壤解冻后越早越好。

2. 采挖方法

挖苗时苗地要潮湿松软，以确保苗体完整，对土壤干旱硬实的苗地，采挖前1~2d 灌水，使土壤潮湿。采挖先从地边开始，贴苗开深沟，然后逐渐向里挖，要保全苗，不断根。挖出的种苗要及时覆盖，以防失水。

## 七、分级

1. 分级标准

关防风种苗质量应为苗龄达到1年，生长量达到三级以上标准方可采挖移植。种苗的分级标准应符合表1的规定。

表1　种苗的分级标准

| 标　准 | 规　格 | | |
|---|---|---|---|
| | 长　度（cm） | 横　径（mm） | 支侧根比率/% |
| 一　级 | >25 | >6.0 | <10% |
| 二　级 | 20 ~ 30 | 4 ~ 6 | <15% |
| 三　级 | <20 | <5 | <20% |
| 种苗根茎长度 <15cm、横径 <2mm、支侧根比率≥ 20%，为不合格苗。 | | | |

2. 分级打捆

挖出关防风苗，按标准分级打捆，根头朝一个方向扎成10cm的带土小把，运往异地定植。

3. 贮藏和运输

种苗来不及运输或移栽时，不要长时间露天放置，应及时假植以防风干。种苗贮藏有两种方法：①湿藏：选择干燥阴凉的场所，按种苗数量挖出方形或圆形土坑，将种苗单层摆在坑底，覆湿土3 ~ 5cm，逐层贮藏6 ~ 7层，上面覆土30 ~ 40cm，高出地面，形成龟背，防止积水。此后要随时检查，严防腐烂。②干藏：在无烟阴凉的室内，用土坯砌成1m见方的土池，池内铺生土5cm，将种苗由里向外摆一层，苗根向内，苗头向外，苗把间留6 ~ 8cm空隙，将池贮满后加厚土一层，顶部培成鱼脊形。

种苗长途运输中要遮盖篷布，防止风干失水，同时还应注意通风，以防止种苗发热烂根。

# 关防风种苗繁育技术流程图

1 深施基肥、精细整地。

图 1　选地施肥整地

2 覆盖120cm 打孔黑膜育苗。

图 2　覆膜

3 人工制作简易播种器精播。

图 3　简易播种

4 采用洁净河沙按穴覆盖保墒。

图 4　挖穴覆砂

5 加强灌溉、中耕除草、追肥保苗措施。

图 5　出苗生长

6 翌年土壤解冻后，开沟采挖。

图 6　翌春采挖

# 第九节　淫羊藿

# 淫羊藿标准化种植技术

淫羊藿为小檗科、淫羊藿属的多年生草本植物，有补肾阳、强筋骨、祛风湿的功效。适宜在海拔800~2600m，土壤腐殖质含量高、湿润且排水良好的弱光环境中生长。

## 一、地块选择

以中性或弱酸性土壤为宜，土质肥沃、疏松、排灌便利。

## 二、整地、施肥

前茬作物收获后应及时深耕晒垡，耕深25cm以上。栽植前亩施腐熟农家肥2500~3000kg、磷酸二铵15~20kg。

## 三、搭设荫棚

搭建遮阴度为70%的遮阳网，高度为1.5~2.0m，每年11月至翌年3月拆除遮阳设施。

## 四、播种

1. 播种时间

春播：4月上、中旬；夏播：6月中、下旬。

2. 用种量

每亩直播1.5~2.0kg；育苗5.0kg。

3. 种子处理

新鲜种子采收后应及时脱粒，与含水量60%的等量细沙混匀装入透气网袋中，深埋50cm进行沙藏处理。经沙藏处理露白的种子，方法同采后直播。

4. 采后直播

6月中、下旬，在整好的土壤上浅耕形成2~3cm的微垄，然后将脱粒的鲜种子撒播于地表糖平压实，并覆盖麦草、遮阳网或落叶。

## 五、移栽

1. 移栽时间

春秋两季均可移栽。春季于3月中旬至4月中旬，秋季于9月中旬至10月上旬进行。

2. 种苗准备

采挖繁育的种苗，或大田种植两年以上的淫羊藿母株，按宿根2~3个越冬芽为一株切分的种苗，用40% 多菌灵可湿粉剂800~1000倍液浸根30min，晾干后移栽。

3. 移栽方法

整平的地块开沟，沟深12~15cm，株距20cm 摆苗，种苗芽头向上，定植深度10~12cm，行距30cm，开沟土覆盖前一行种苗，压实，依次种植。

## 六、田间管理

1. 间苗补苗

苗龄为3叶龄时，选择阴天间苗、定苗、补苗。

2. 中耕除草

5月上旬，当苗高5~10cm 时第一次除草（浅锄）; 5月下旬第二次除草；以后视草情适时中耕除草，保持土壤疏松无杂草。

3. 追肥

幼苗4叶龄时结合灌水或降雨追亩施尿素3~4kg，或喷施0.2% 尿素溶液2~3次，4月上、中旬喷施0.1%~0.15% 磷酸二氢钾溶液2~3次。

4. 灌溉

移栽后及时浇足定根水，并生育期视土壤墒情浇灌补水。

## 七、病虫害防治

1. 锈病

病株率达20% 时，用25% 三唑酮可湿性粉剂1200倍液，或43% 戊唑醇悬浮剂1000倍液喷雾防治，每次间隔7d，连喷2次。

2. 叶斑病

发病初期，用50% 多菌灵可湿性粉剂500 ~ 600倍液，或75% 百菌清可湿性粉剂1000倍液喷雾防治，视病情间隔10d 喷防1次，药剂应交替使用。

## 八、采收

一般在7月上、中旬，或于初霜前采收，将茎叶扎捆或摊开，晾干或阴干，避免阳光暴晒降低品质。

# 淫羊藿标准化种植技术流程图

1

选土壤腐殖质含量高、湿润且排水良好的弱光环境，亩施腐熟农家肥2500~3000kg、磷酸二铵15~20kg。

图 1　增施腐殖质

2

4月上、中旬或6月中、下旬，亩用种量5.0kg。

图 2　露地定植，起垄定植

3

将切分的种苗用40% 多菌灵可湿粉剂800~1000倍液浸根30min，晾干后移栽。搭建高1.5~2.0m，遮阴度为70% 的遮阳设施。

图 3　遮阴管理

4

移栽后及时浇足定根水，适时中耕除草，追肥选用尿素，薄肥勤施。

图 4　田间管理

5

用50% 多菌灵可湿性粉剂500~600倍液喷雾防治。

图 5　病害防治

6

于7月上、中旬，或初霜前采收，将茎叶扎捆或摊开，晾干或阴干，避免阳光暴晒。

图 6　采收阴干